为新老龄而设计：

设计赋能积极老龄化的理论与方法

董玉妹　著

中国轻工业出版社

图书在版编目（CIP）数据

为新老龄而设计：设计赋能积极老龄化的理论与方法 / 董玉姝著 . — 北京：中国轻工业出版社，2024. 2

ISBN 978-7-5184-4060-3

Ⅰ. ①为… Ⅱ. ①董… Ⅲ. ①老年人—产品设计—研究 Ⅳ. ① TB472

中国版本图书馆 CIP 数据核字（2022）第 117903 号

责任编辑：李　红　　责任终审：劳国强　　整体设计：锋尚设计
策划编辑：毛旭林　　责任校对：朱燕春　　责任监印：张　可

出版发行：中国轻工业出版社（北京鲁谷东街5号，邮编：100040）
印　　刷：艺堂印刷（天津）有限公司
经　　销：各地新华书店
版　　次：2024年2月第1版第2次印刷
开　　本：720×1000　1/16　印张：12.5
字　　数：240千字
书　　号：ISBN 978-7-5184-4060-3　定价：69.80元
邮购电话：010-85119873
发行电话：010-85119832　010-85119912
网　　址：http://www.chlip.com.cn
Email：club@chlip.com.cn

240300K2C102ZBW

序

这是我第一次为学生的书作序。

首先，祝贺董玉妹在博士研究的基础上出版此书。出专著不易，需要目标、恒心和耐心。董玉妹博士有计划，能付诸行动并持之以恒，值得肯定。

我有幸曾在同济大学任教，指导了八名博士生。董玉妹是其中一位。现在他们都顺利毕业了，大多走上了高校教师岗位，也有去业界实践者。董玉妹读博士前已经是教师，有明确的目标和动力，勤奋努力，善于发掘资源，并乐于助人，在学伴中有良好声誉和威信。读博士期间，她获得国家留学基金委资助去荷兰代尔夫特理工大学工业设计工程学院访问一年，不仅能很快适应新环境，还及时参与到荷兰老龄化项目中。其间，她为了案例研究，还赴伦敦进行采访。其能力与能量由此可见一斑。

董玉妹的博士研究围绕“积极老龄化”展开，探索设计如何发掘和利用老年人的已有资源，促进老年人的社会参与和社会福利创造。她借用赋能理论，提出尊重老年人个体资源和能动性，在“顺应”和“激励”之间找到平衡。她收集了全球范围内多个设计赋能老年人的案例，分析、建立了从设计手段到赋能目的之间的联系，提出了四种设计赋能方式：动机赋能、关系赋能、人工物赋能和信息赋能，并基于此开发了相应的设计工具。毕业后董玉妹如愿进入江南大学设计学院工作，将她的博士研究成果在教学中进行应用，并在新的平台上进一步拓展其研究视野和范围。

教学相长，我庆幸有机会陪伴董玉妹完成博士研究历程。很高兴目睹她在学术上的成长。这本专著的出版是她迈出独立研究的重要一步。

董华（剑桥大学博士）
伦敦布鲁内尔大学教授
布鲁内尔设计学院院长
设计研究学会会士（Fellow of DRS）
2022年3月31日

前言

人口老龄化是一个全球性的趋势。长期以来，将老龄化和老龄人口视作问题的观念根深蒂固，全球范围内年龄歧视和刻板印象也十分普遍。老年人常常被当作身体机能衰退的群体，基于此观念，养老产品和服务常常扮演着机能补偿的角色。这种设计倾向无意识地强化了年龄刻板印象，阻碍了老年人的身体活动及社会活动参与，也不利于老年人的健康和幸福。在社会层面，《2030年可持续发展议程》(*The 2030 Agenda for Sustainable Development*)倡导人人发挥潜能，以实现可持续发展的目标。积极老龄化(Active Ageing)是对人口老龄化的积极应对和对可持续发展目标的积极响应，它倡导老年人自身的积极参与及社会贡献。

在这一背景下，设计师需要改变老龄“问题化”的陈旧观念，重新定义老龄幸福和福祉的要义。老龄化设计也需要改变定义“问题”和解决“问题”的这一范式，挖掘老龄群体的内在资源，并积极探索设计在挖掘资源、利用资源、促进参与上可以扮演的角色。赋能(Empowerment)的理论倡导“资源(Resource)”的视角，将被当作问题的人看作解决问题的“能动者”和“内部资源”，将帮助者和外部干预当作“协作者”和“外部资源”，以支持被帮助者的潜能发挥和自身的积极应对。这与积极老龄化理念不谋而合，因此本书将赋能作为理论抓手，探索设计提升老龄福祉、促进积极老龄化的方法。

从资源的视角出发，本书着重探究了用户作为福祉创造的内部资源的具体表现形式和设计作为外部资源的赋能方式及设计品质。通过对老年人的用户研究，识别了老年人在解决自身问题和社会问题时表现出来的优势资源，包含文化资源、社会资源、物理资源、情感资源、智力资源和时间资源这六类。研究进一步根据这六类资源的关系建构了老年人资源的“钻石模型”。“钻石”这一积极意向的传达是在对老龄群体的形象进行积极建构，对抗老龄“问题化”的刻板印象。

此外，通过对促进积极老龄化的设计赋能案例的研究和设计教学实践的反思，总结了设计赋能的干预方式和设计品质。其中，赋能方式包含动机赋能、关系赋能、人工物赋能和信息赋能。这四种赋能方式涵盖内在和外在、有形物和无形物的视角，一同构成了设计赋能老年人的系统策略——激励、连接、支持和传达，为积极老龄化设计提供了4个着力点，为设计促进积极老龄化的实现提供了策略上的参考。本书进一步探究了设计得以赋能的特征，识别出包括“易用性”“开放性”“协作性”和“对抗性”等在内的10个特征词汇，这些特征表现出“顺应性”和“激励性”两种倾向。这就需要设计师在干预时一方面尊重老年人老化过程中客观的能力衰退，同时也要充分调动老年人在解决自身问题和社会问题上的能动性，在设计实践中，“顺应”老化的消极变化和“激励”增龄的优势资源。

为了使研究产出能有效支持老龄化设计实践，本研究在已有设计流程的基础上开发了“设计赋能积极老龄化”的流程和工具，为设计师开展老龄化设计提供认识上的参考和流程上的指引。

本书主标题“为新老龄而设计”是受英国皇家艺术学院杰里米·迈尔森（Jeremy Myerson）教授的启发而确定。2017年，迈尔森在伦敦设计博物馆策划了一个名为“新老龄：为未来的自己而设计（NEW OLD：Designing for our Future Selves）”的展览，迈尔森认为，对老龄的污名化需要创造性地挑战，该展览中展出的老龄设计呈现出了完全不一样的、积极的老龄。在这里，设计的社会建构作用被充分地体现出来。

借“新老龄”这一表述，本书希望能够为老龄化设计者和研究者提供一个看待老龄、设计老龄的新视角和新工具。

本书出版受教育部人文社科青年基金项目：城市化进程中过渡型社区的互助养老服务设计（项目编号：21YJC760013）、江苏省教育厅项目：江苏城市社区嵌入式养老的适老化服务设计研究（项目编号：2021SJA0855）和江南大学产品创意与文化研究基地资助。

董玉姝

2022年3月1日

目　录

第1章
人口老龄化的设计应对困境

1.1 人口老龄化现状

人口老龄化是21世纪不可逆转的全球化趋势。人口老龄化源于人口生育率降低、人均寿命延长导致的总人口中年轻人口比例下降、年长人口比例上升的动态。根据世界卫生组织（WHO）的定义，当一个国家或地区60岁以上老年人口占人口总数的10%，或65岁以上老年人口占人口总数的7%及以上，即意味着这个国家或地区的人口处于老龄化。当60岁以上人口比重大于14%时，则称之为严重老龄化。

根据联合国经济与社会事务部人口司（2019）发布的《世界人口展望》报告，全球65岁人口是增长最快的年龄组。这一年龄组在2019年是总人口的9%，预计到2030年将达到12%，到2050年将达到16%。而80岁以上年龄组，也将从2019年的1.43亿人增加到2050年的4.26亿人。中国也和很多发达国家及发展中国家一道，面临老龄人口持续增长的挑战。

中国早在2000年就已进入老龄化社会，而且老龄化程度在逐年

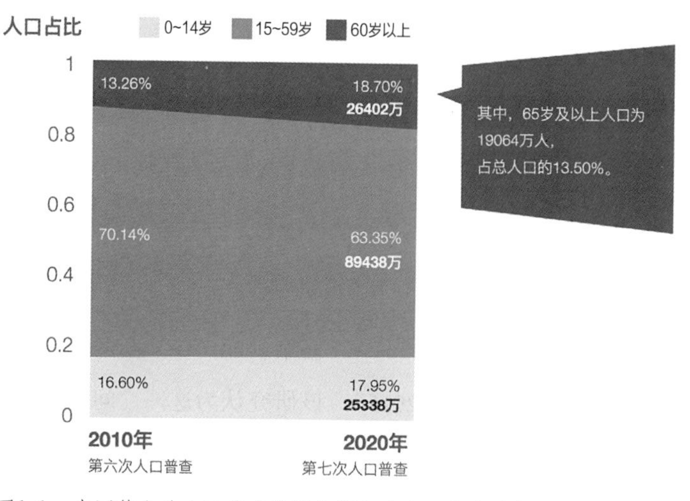

图1.1　中国第七次人口普查数据与第六次人口普查数据对比

递增。根据国家统计局发布的2020年中国第七次人口普查数据，60岁及以上人口约为26401.9万人，占18.70%，其中65岁及以上人口约为19063.5万人，占13.50%。与2010年中国第六次全国人口普查数据相比，过去十年，我国60岁及以上人口的比重上升了约5.44个百分点，65岁及以上人口的比重上升了约4.63个百分点（图1.1）。这个趋势还在加剧，据预测，中国60岁及以上老年人口比例将在2024年左右突破20%，2030年左右突破25%，2039年左右突破30%，2051年左右突破35%（《设计》杂志编辑部，2019）。

1.2　老龄问题观、刻板印象与年龄歧视

本质主义老龄观从生物学角度出发，认为老化是各种分子和细胞损伤随时间逐步积累的结果。老化过程伴随着老年人身体机能的逐渐下降，患病以及最终死亡的风险也会随之增加。在医疗卫生条件不够发达的过去，“逢老必衰、逢老必病”是公众对老年人的普遍认识。在社会层面，人口老龄化也带来了一系列的问题，如劳动

力资源的短缺、医疗健康支出的增长、养老金的匮乏、家庭赡养压力的增加等，这一系列的问题给社会经济的可持续发展带来了巨大的挑战。长期以来，老龄人口的增多一直被当作一个“社会问题”来看待。

已有的研究对1989—2011年知网数据库中的老龄化研究进行计量分析发现，社会科学领域以问题为主题的研究有1827篇，占所有社会科学领域老龄化研究的64.22%左右，而内容涉及老年人价值的不到2%（陈雯和江立华，2016）。该研究认为这一“问题化”的倾向一方面影响了老龄化政策的制定，另一方面“问题化”的学术词汇被媒体广泛应用，进一步建构了老龄化的负面影响。一项对某报纸中老年人形象构建的统计分析表明，对老年人的负面报道高达64%（徐进和朱锦平，2008）。在舆论媒体的影响下，以“问题化”为导向的老龄化应对策略渗透到社会大众中，引起了人们的担忧，并进一步滋生了老年歧视。

世界卫生组织2021年出版了《关于年龄歧视的全球报告——执行概要》。该报告指出：面对他人时，年龄是我们首要注意的问题之一。年龄歧视目前已经渗透到提供保健和社会照护的机构、工作场所、媒体和法律系统之中。老年人往往被排除在研究和数据收集工作之外。在全球范围内，每两个人中就有一人对老年人持年龄歧视的态度（WHO，2021）。在公众的认识中，老年就意味着失能和无能，老年人口常被看做是病态的、脆弱的，对社会无贡献的群体，是无回报的社会福利的使用者（Prince，2000）。社会对老年人的制度化歧视被称为老年歧视主义（Ageism）（Butler，1969）。当代著名老年学家帕尔默（Palmore）在《老年歧视主义：消极的和积极的》一书中，总结了当今老年歧视主义的十种传统定型，包含疾病、性无能、丑陋、心理衰退、心理衰减、心理疾病、无价值感、孤独、贫穷、老龄政治（Maddox & Palmore，2000）。张健和沈荟（2013）的研究表明：“衰弱、顽固、保守、阻挠新事物发展”已成为老年人新时期的标签。《国际人机交互》期刊于2019年发表了一项研究，该研究针对数字健康产品的虚拟的具身会话代理形象的用户偏好进行了研究，结果显示用户对年轻的形象具有明显的偏好。参与调研的用户表示，即便老年人给人温和的感觉，但是他们认为老年人会给人能力不强、难以胜任工作的印象（Ter Stal，et al.，2019）。

在设计领域，设计师对老年人的刻板印象同样严重。一项对清华大学公共健康研究中心和四川美术学院，从2011—2013年连续举办三届的老龄化主题公益海报创意设计大赛中的老年人形象地研究结果显示，在609幅获奖和入围的作品中，65%的作品充斥着"颜色压抑、身影孤独、面孔哭丧、步履蹒跚、手掌粗糙，或以轮椅、药瓶、输液管为伴"等消极的老年人形象，仅有25%传达了正面积极的老年人形象信息（景军和李敏敏，2017）。

笔者针对设计师做了一个有关刻板印象的小样本预调研，要求设计师或设计学生根据第一印象用至多3个词来描述老年人群。这次调研共收到57份回复，共计179个词。笔者对这些词语进行分类，根据内容可分为：描述生理状态的词共57个，描绘非生理状态（包含精神状态、行为特点等）的词共122个。根据感情色彩可分为：消极词汇共98个，积极词汇57个，中性词汇24个。将179个词汇进行相同词和同义词聚类，并通过频次由高到低进行排列，如图1.2所示，频次大于等于4次的描述共13项，依次是和蔼（18次）、行动和反应缓慢（11次）、身体不健康多病（9次）、孤单孤独（8次）、需要他人（8次）、固执倔强（7次）、学识渊博经验丰富（6次）、行动不便（6次）、孩子气（5次）、唠叨啰唆（4次）、无助无奈（4次）、心态好（4次）和传统守旧（4次）（其中排除了"生理衰退等外部特征"的客观描述）。可以发现在这13项描述中消极描述有8项之多，而积极描述只有3项（图1.2）。由此可见，设计师对老年人确实存在明显的消极偏见。

设计师对老年人消极的刻板印象，也影响了对老龄化设计的刻

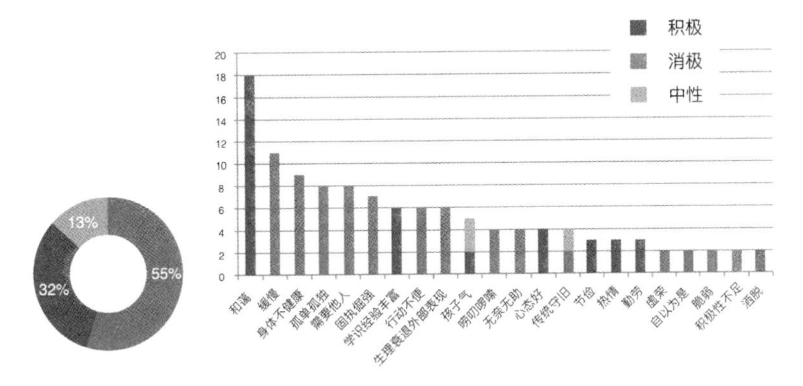

图1.2　设计师对老龄人群的印象的词汇分布

板印象。对设计师活跃的网络社区、论坛进行搜索发现，设计师对老龄化设计也存在消极定型。热门的互联网产品设计网站“人人都是产品经理”的设计师认为“老龄化产品在我们的第一印象中就是要字大、声音响亮”，“太火鸟社区”的设计师认为“老去就意味着生活上渐渐困难，会出现各种各样的困难；而设计就是要解决问题，使我们的生活更加方便”。这两个设计师的观点在一定程度上反映了主流的老龄化设计观念。

1.3　老龄化的设计应对及主流理论

长久以来，老龄化设计一直遵循的是老化的缺陷模型（Model of Deficiency）（Dankl，2017）。对老年人的刻板印象（感知觉能力、认知能力、运动能力下降）使得备受赞誉的老龄化设计大多是从老年人的机能衰退入手，通过设计的外在手段提供机能的补偿、简化产品的功能。比如可以补偿老年人视力衰退的“放大器拐杖”、辅助上楼的装置、一键操作的紧急呼叫器、智能陪伴机器人、功能简化的老人手机、字体放大的手机老人模式、滴滴简化打车流程的敬老模式等（图1.3）。

图1.3　老龄化设计

为应对人口老龄化，学者们相继展开了适应老龄化社会的设计理论研究，“无障碍设计（Design for Accessibility）”“通用设计（Universal Design）”“包容性设计（Inclusive Design）”“全民设计（Design for All）”“跨代设计（Transgenerational Design）”和“生命历程设计（Life Span Design）”等设计理论相继出现。而缘起于美国的通用设计和缘起于英国的包容性设计成为当前两大主流老龄化设计理论（赵超，2012）。这些理念从人本主义关怀入手，关注不同群体能力的差异性，主张设计应该尽可能适应不同能力的人，以满足尽可能广泛的用户需求。包容性设计的“能力—需求模型”（图1.4）认为当产品对

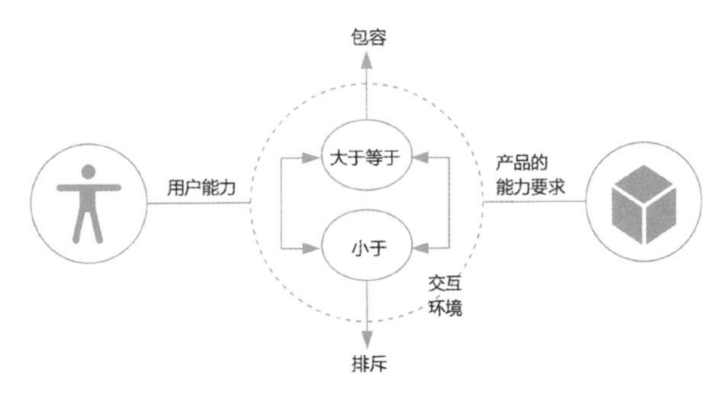

图1.4　反排斥理论的能力—需求模型

用户的能力要求超出用户的实际能力时，用户就被该产品排除在外（Persad et al.，2007；董华、宁维宁和侯冠华，2016）。

此外，包容性设计秉承的观念是将用户能力与产品和环境需求的不匹配归因于外在因素，认为是外界环境为用户使用设置了障碍（Oliver，2013），因此包容性设计的主要手段是降低产品和环境对用户的能力要求。对老年人进行生理能力测量、识别老年人在老化过程中的能力退化成为研究的重要切入点。为促进包容性设计的实践，剑桥大学提出了估算设计排斥的方法，估算的具体能力类型有七类：视觉（Vision）、听觉（Hearing）、思维（Thinking）、沟通交流（Communication）、移动（Locomotion）、肢体可及性与伸展度（Reach & Stretch）和手部灵活度（Dexterity）（Waller et al.，2010）。但是，这7项能力都属于生理的（Physical）和认知的（Cognitive）生物性机能。仅仅关注人的身体机能，使得老年人自然而然处于能力弱势的地位，忽略了用户自身解决问题的潜能。

老龄福祉科技（Gerontechnology）是对老龄化的设计与技术应对（胡飞和张曦，2017）。“福祉科技”一词首次出现于荷兰埃因霍温国际研讨会，是综合现代老年学与信息技术、老年养护技术、老年医学、生命科学、中医药学、康复辅具等科学技术手段，为老年人提供最佳照料护理、健康管理、卫生保健、安全环境和社会参与途径，提高老年人健康、福祉和生命生活质量的跨学科、跨领域的科技工作（马俊达、刘冠男和沈晓军，2014）。有研究采用专利技术分析方法对我国老年福祉技术领域的主要产品市场进行研究，识别出4个老年产品主市场，分别是医疗监控、日常生活照料、紧急呼叫和辅具市场（黄鲁成和常兰兰，2016），产品涉及健康护理机器人、智能轮椅、智能集尿器、多功能护理床、智能浴缸、多功能阅读辅具等一些辅助失能老人生活自理的老年辅具等。作为人口老龄化程度较高的日本，其老龄化市场的发展较中国更早。日本富士通公司与Nissin保健食物公司合作研发出的云端食物运送服务系统，直接将食品送至医疗、养老等护理单位。日本的松下、丰田、本田等大企业都相继开发出健康护理机器人。从这些产品类别来看，大部分的产品主要针对健康出现明显问题（如疾病、行动不便、生活难以自理、认知能力下降等）的老年人进行辅助，较少关注对健康提升的主动介入，也没有充分考虑老年人自身在健康提升和问题解决过程中的潜能。

在中国知网对老龄化设计相关的主题进行文献检索，发现大量针对老年人的设计研究关注空间的适老化改造（许畅达，2007）、养老社区、空间设施的设计、健康管理产品、智慧家居、适老化信息技术与产品、交通出行（甘为和胡飞，2017）等。这些研究大多以老年人生理能力的下降为基础，通过对老年人的活动能力、活动空间尺寸和行为习惯进行研究，提出适合老年人使用的空间、家具、设备等的特征属性。诸多服务于老年人的设计大多以对老年人逐渐衰退的能力进行补偿为着眼点，为老年人的衣食住行提供工具性的便利，或是从环境上尽可能扫除老年人功能发挥的障碍。

总的来说，目前主流的老龄化设计实践和理论研究有以下几个特点：一是对老年人的认识充满了本质主义老龄观的色彩，对能力的理解更多关注生物性的身体机能，将老年人看作能力逐渐衰退的群体，具有将人口老龄化“问题化”的倾向；二是设计多从外部支持（工具性支持或环境支持）入手，关注如何降低设计的能力要求来满足能力日渐下降的老年用户的使用，或是将产品作为对用户能力衰退或机能丧失的补偿，老年人在设计中常常处于被动的地位——被动接受产品和服务，老年人自身的优势和能动性没有得到充分关注；三是针对老年人的设计开发大多针对高龄的严重失能的老年人，是对老龄化的“被动”应对。

1.4 对老龄问题观的批判性反思

从生物学的角度，增龄的变化在人群中并不是均质的。研究表明，与老龄化相关的典型失能与一个人的实际年龄并非密切相关，“典型”的老年人并不存在。相对于其他人群，老年人的健康和功能状态有很大差异性。澳大利亚一项关于女性健康的大型纵向研究数据显示，人在老年时期的体能范围比年轻时要大得多，某些80岁老人的体力和脑力与很多20岁的年轻人相似（WHO，2015），见图1.5。

此外，增龄过程不同能力的变化也不是均质的。年龄的增长伴随着人的生理能力和心理认知能力的变化，前者主要包括感知能力（视力、听力）和精细行为能力的变化，后者则主要体现为智力

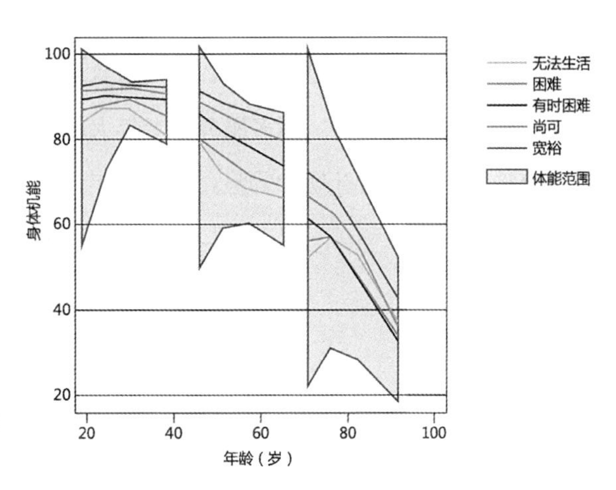

图1.5　不同年龄组身体机能异质性程度的对比（来源：WHO，2015）

水平的发展变化（袁晓松，2000）。美国心理学家雷蒙德·卡特尔将智力的构成分为流体智力和晶体智力两大类。流体智力指的是主体在信息加工和问题解决过程中所表现出来的基本能力，比较依赖个体的生理结构条件，相对不受教育与文化影响（葛振林等，2013）。流体智力包括学习能力，如短时记忆力、注意力、思维敏捷度、知觉整合能力等。而晶体智力则指的是个体一生通过所接受的教育、生活经历及经验等后天积累而习得的能力和知识（Pak & Mclaughlin，2011）。

针对老年人的已有设计大多将重点关注在老化过程的能力变化上，传统的观念认为年龄的增长意味着能力的衰退。而事实上，老化过程明显的衰退主要集中在感知能力、精细行为能力以及流体智力上。甚至有一些研究表明在流体智力方面，记忆力和注意力也有一些正向的变化。研究发现，与年轻人相比，老年人更倾向于注意和记忆积极信息（Mather & Carstensen，2005）。老年人通过对积极信息的优先加工获得更多的积极情绪体验，从而使生活满意度和主观幸福感得到提升（尤梦施和蒋京川，2016）。就晶体智力而言，随着年龄的增长，个体的能力保持稳定并有所上升（马娟，2004）（图1.6）。

此外，社会学的研究表明，老年人在解决自身问题和社会问题时扮演了重要的角色。对农村留守老人的研究表明，留守老人在教

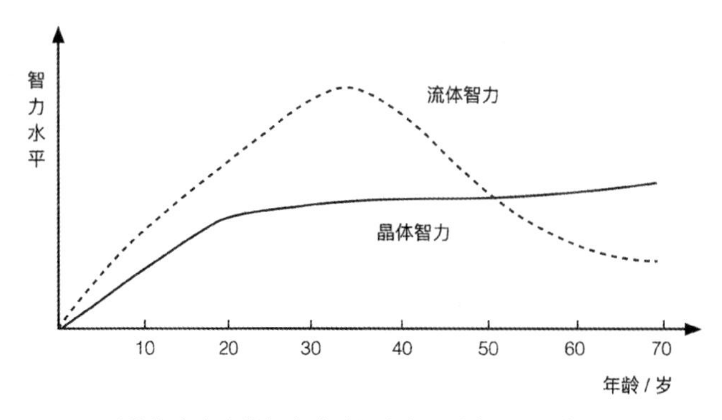

图1.6　晶体智力与流体智力随时间的变化（来源：马娟，2004）

化和抚养孙辈、传承乡土文化和维系乡村人际网络上扮演着重要的角色（高瑞琴和叶敬忠，2017）。澳大利亚的一项研究表明，老年人在应对重大灾难和灾难的恢复中为当地社区贡献了资源和经验，是社区重要的资产（Howard et al.，2017）。老年人参与志愿服务的很多研究同样肯定了老年人对社会的巨大贡献（Gattis et al.，2010）。因而仅仅关注老年人给社会带来的压力是片面的。

设计关注老化过程的能力下降并将老龄化视作社会问题，虽然其出发点体现了人文主义的情怀，但反过来也带来了潜在的不良影响。将老年人当作能力低下的群体，使得老年人的产品和服务越来越呈现出简易化、智能化、便利化的倾向，如一键拨打电话的单功能手机、智能照护机器人、送餐上门的服务等。这些设计在给用户提供支持的同时，也在一定程度上对老年人的活动进行代理，老年人成为被动接受型服务和产品的接受者，一定程度限制了老年人自身的能动性。针对老年家居的人种志研究揭示了单一的操作方式对老年人的限制（Aceros et al.，2015）。该研究对提供一键式警报的远程护理监护系统的老年家居进行研究，试图发现这一系统对老年人生活的影响。在该研究呈现的场景中，老年用户被要求使用一键式操作的远程求助装置报告自己在家中的风险，护理人员认为风险无处不在，提示用户在任何风险情况下都可以按键发出警报信息，但是产品仅仅提供一个按键，用户无法传达更多样的情境信息，任何程度的风险都只能通过这种代表危险的方式去汇报。长此以往，这种高风险的暗示通过行为的强化被内化到老年人的自我认识之中，从而使其认为自己时刻处于危险之中，并需要接受长期照护，对老年人的心理健康造成了影响。

荷兰媒体BN DeStem报纸于2017年4月15日刊登了一幅漫画（图1.7），该漫画描绘了老年人对机器人具备煮咖啡的功能表示惊讶和抗拒的情形。在西方国家，咖啡不仅仅是一种食物或饮品，煮咖啡的行为也不仅仅是为了满足物质需求的一种程式化活动，而是

图1.7　表达人们对老年人所需生活辅助的过度解读的漫画（供稿者：Eric Elich）

一种可以带有生活乐趣和社交互动的生活方式。机器人对煮咖啡的行为的接管讽刺了设计师对老年人所需生活辅助的过度解读。除了智能机器人之外，典型的“为老设计”还包含为应对老年人的记忆力下降的智能提醒科技产品，比如提醒老年人吃药的智能药瓶。代尔夫特理工大学的一项“智慧的老龄（Resourceful Ageing）”研究批判了电子药盒对用户吃药行为规律的强制束缚（Giaccardi & Nicenboim，2018）。

在日本，Seven-Eleven便利店专门成立了七膳食服务公司，提供食物和膳食的送货上门服务，目标客户超过半数是老年人。推行上门服务之后，该公司发现大部分的顾客依然选择在附近的便利店自取食物。通过对不愿意在家接受上门服务的老年人进行调研发现，老年人享受自己取餐的灵活性，参与调研的老年人还表示取餐的过程中可以和店员互动，可以帮助他们克服孤独[科尔巴赫（Kohlbacher）和赫斯塔特（Herstatt），2016：120]。这一研究揭示出老年人自身对能力接管和活动代理的不接受和自身保持活跃性的需求。

技术哲学家对设计（技术）与人的关系进行了深刻反思，广泛的设计（技术）扩展到为老年人的设计（技术产品或服务）也是贴切的。伯格曼（Borgmann）的技术哲学检视了“技术如何塑造人与其周围世界的交往方式”，伯格曼区分了技术的两种定位：“物（Thing）”和“设备（Device）”，他认为作为“设备”的技术物决定了人的生存范式，即“设备范式”（Borgmann，1984）。伯格曼认为设备范式是一个“典型的束缚性的模式”，这种束缚在于人不用参与就可以坐享其成。伯格曼列举了一个唱片机和一个壁炉的区别——唱片机打开就可以使用，它是一种设备；而壁炉的使用需要去收集木材，使用过程需要照料，这就是物。设备使得人从世界的参与中脱离出来，人与世界的关系由原来的“参与”变成“消费”。“设备”提供了一种实用功能——一种“特定的、已经完成的、封闭的”形式，限制了用户的参与。正如伯格曼所说，技术发展成为人们“生活的精确方式”，极大降低了人类参与的丰富性。设计物固化了我们的行为方式，限制了人的创造和参与，人因此在某种程度上失去了主体性，成为一个被技术和外物所定义的“人”。

此外，设计师带着消极的刻板印象传达出的形象无意识地向社会公众构建了老年人的消极形象，反而加剧了设计排斥。国外一些街区专门设立了提醒司机“有老年人出行，请慢行”的交通警示牌。这些交通警示牌通过弯腰驼背、拄着拐杖的图形传达了负面的老年人形象，并提示司机：老年人出入的地方可能带来交通风险（Giaccardi & Nicenboim，2018）。消极的形象传达使得老年人在社会参与中遭受了严重的信任危机，进一步影响了老年人的社会参与程度，缩小了老年人在社会中的行动空间，进一步导致其社会能力的下降。法国哲学家、社会学家布尔迪厄（Bourdieu）提出了“符号资本”这一概念，可以进一步解释以关怀为出发点的设计何以加剧排斥。在布尔迪厄看来，“符号资本”是各种资本（包含经济资本、文化资本、社会资本）通过符号形式合法化的体现。符号资本具有相互转化和阶级区隔的功能，将人群分隔在权力结构的不同位置［戴维·斯沃茨（David Swartz），2012］。消极的符号生产影响了社会、文化、经济资本的转化。以社会资本为例，以患病、失能、依赖的老年人形象在设计中的体现固化为老年人的符号资本，这种消极的符号影响了社会资本的转化和积累，从而使得老年人处于资本劣势。与此同时，这些负面的形象也通过设计内化成老年人的自我认识，使老年人形成消极的自我暗示，不利于老年人自身保持积极心态。

1.5 小结

从本质主义老龄观出发，关注增龄过程的机能衰退和人口老龄化带来的社会问题是当前的主流认知。这一“问题观”忽略了老化的积极变化，深化了对老年人的消极刻板印象，在社会系统中滋生了年龄歧视。设计研究者和设计师依循这一认知惯性，通过设计符号进一步强化了老化、消极形象和老龄化设计的“被动化”干预属性，不利于老年人能动性的发挥，进一步剥夺了老年人的参与机会和行动空间，不利于老年人的晚年幸福。为了摆脱老龄化的困境，作为设计研究者和设计师，我们需要重新理解老龄化，重新定义老龄化设计与老年人之间的关系，重新塑造老龄化设计的品质。

参考文献

[1] 陈雯，江立华. 老龄化研究的“问题化”与老人福利内卷化[J]. 探索与争鸣，2016，（1）：68–71.

[2] 戴维·斯沃茨. 文化与权力：布尔迪厄的社会学[M]. 陶东风，译. 上海：上海译文出版社，2012：106–107.

[3] 董华，宁维宁，侯冠华. 认知能力测量：基于包容性设计的文

献综述[J]. 工业工程与管理，2016，21（5）：111-116.

[4] 费洛里亚·科尔巴赫，科尼利厄斯·赫斯塔特. 银发市场现象：老龄化社会营销与创新思维：第2版[M]. 胡中艳，卢金婷，译. 大连：东北财经大学出版社，2016.

[5] 甘为，胡飞. 城市现有公共交通适老化服务设计研究[J]. 南京艺术学院学报（美术与设计版），2017，（1）：199-201.

[6] 高瑞琴，叶敬忠. 生命价值视角下农村留守老人的供养制度[J]. 人口研究，2017，42（2）：30-39.

[7] 葛振林，党瑾璇，李静，高晓彩，张富昌. 工作记忆、中央执行功能与流体智力的关系分析[J]. 浙江大学学报（理学版），2013，1（40）：102-105.

[8] 胡飞，张曦. 为老龄化而设计：1945年以来涉及老年人的设计理念之生发与流变[J]. 南京艺术学院学报（美术与设计），2017，（6）：33-44+235.

[9] 黄鲁成，常兰兰. 基于专利的技术景观四侧面分析框架——以老年福祉技术为例[J]. 科技管理研究，2016，36（21）：34-40.

[10] 景军，李敏敏. 刻板印象与老年歧视：一项有关公益海报设计的研究[J]. 思想战线，2017，43（3）：71-77.

[11] 联合国经济与社会事务部人口司. 世界人口展望2019[R]. 纽约：联合国，2019：24.

[12] 马娟. 现代老年人智力的衰退与发展——关于卡特尔晶体智力—液体智力理论的质疑[J]. 心理学探新，2004，（1）：54-58.

[13] 马俊达，刘冠男，沈晓军. 社会福利视野下我国老年福祉科技及其发展路径探析[J]. 中国科技论坛，2014，（5）：130-136.

[14]《设计》杂志编辑部. 设计迎战超老龄化社会[J]. 设计，2019，（11）：7.

[15] 世界卫生组织. 关于年龄歧视的全球报告——执行概要[R]. 世界卫生组织，2021.

[16] 许畅达．适老住宅内设施人性化设计研究[D]．江南大学，2007.

[17] 徐进，朱锦平．都市报中的老年人形象[J]．青年记者，2008，（17）：19.

[18] 袁晓松．流体智力与晶体智力意义新释[J]．集宁师范学院学报，2000，（1）：79–82.

[19] 张健，沈荟．传媒应该更多关注老年群体[N]．中国社会科学报，2013–9–11.

[20] 赵超．老龄化设计：包容性立场与批判性态度[J]．装饰，2012，（9）：18–23.

[21] Aceros J C , Pols J , Domènech M. Where is Grandma? Home Telecare, Good Aging and the Domestication of Later Life[J]. *Technological Forecasting & Social Change*, 2015, 93: 102–111.

[22] Borgmann A, *Tehcnology and the Character of Contemporary Life* [M]. Chicago: University of Chicago Press, 1984: 3.

[23] R N Butler. Age–ism: Another Form of Bigotry[J]. *The Gerontologist*, 1969, 9 (4_Part_1) : 243.

[24] Dankl K. Design Age: Towards a Participatory Transformation of Images of ageing[J]. *Design Studies*, 2017, 48: 30–42.

[25] Maurice N. Gattis, N. Morrow–Howell, et al.. Examining the Effects of New York Experience Corps® Program on Young Readers[J]. *Literacy Research and Instruction*, 2010, 49 (4) : 299–314.

[26] Giaccardi E, Nicenboim I. *Resourceful Ageing: Empowering Older People to Age Resourcefully with the Internet of Things*[M]. Delft: Delft University of Technology, 2018.

[27] Howard A, Blakemore T, Bevis M. Older People as Assets in Disaster Preparedness, Response and Recovery: Lessons From Regional Australia[J]. *Ageing & Society*, 2017, 37 (3) : 517–36.

[28] Maddox G L, Palmore E. Ageism: Negative and Positive[J]. *Journal of Public Health Policy*, 2000, 21 (2): 247.

[29] Mather M, Carstensen L L. Aging and Motivated Cognition: The Positivity Effect in Attention and Memory[J]. *Trends in Cognitive Sciences*, 2005, 9 (10) : 496–502.

[30] Oliver M. The Social Model of Disability: Thirty Years On[J]. *Disability & Society,* 2013, 28(7): 1024–1026.

[31] Pak R, Mclaughlin A. *Designing Displays for Older Adults*[M]. Boca Raton: CRC Press, 2011.

[32] Persad U, Langdon P, Clarkson P. J. *A Framework for Analytical Inclusive Design Evaluation*[C]. // Proceeding of International Conference on Engineering Design, ICED'07. Paris, 2007: 1–12.

[33] Prince M J. Apocalyptic, opportunistic, and realistic discourse: *retirement income and social policy or chicken littles, nest-eggies, and humpty dumpties*[A]. Ellen Gee, Gloria Gutman(eds.). *The overselling of population aging: apocalyptic demography, intergenerational challenges, and social policy*[C]. Toronto: Oxford University Press, 2000.

[34] ter Stal S, Tabak M, op den Akker H, Beinema T, & Hermens H. Who Do You Prefer? The Effect of Age, Gender and Role on Users' First Impressions of Embodied Conversational Agents in EHealth[J]. *International Journal of Human-Computer Interaction*, 2019, 36 (9) : 881–892.

[35] Waller S D, Langdon PM, Clarkson PJ. Using disability data to estimate design exclusion[J]. Universal Access in the Information Society, 2010, 9(3):195–207.

[36] WHO. World Report on Ageing and Health[R]. *Geneva: World Health Organization*, 2015.

第2章
新福祉观：积极老龄化

将老年人视作问题，充满了消极的色彩，这也使得在设计干预下，老年人常常处于被动的位置，这种干预也难以为老年人带来可持续的福祉。为了创造老龄化设计新品质，为老年人创造幸福晚年，就需要重新理解什么是幸福和福祉。

2.1 幸福、福祉与福利的概念

幸福与福祉是人类求索的终极目的。福祉是一个抽象而又复杂的概念，在中文和英文语境下，与福祉相关的概念很多，含义相互重叠。如幸福、福利、Happiness、Welfare等。对这些概念的厘清有助于设计师和相关学者真正理解老龄化设计的要义。

（一）幸福（Happiness）

幸福是一种心理状态，心理学家从人们内心的主观感受来定义幸福，把幸福具体定义为幸福感，认为幸福“是人们对于生活状态的正向情感认知评价，是对整体生活的情感体验和满意程度”。“主观认知评价并不依赖任何外在的客观标准，而是来自人们的内在主观感受”（秦永超，2015）。与之相关的概念还包含快乐（Joy，Pleasure）。快乐和幸福都强调良好的主观感受，两者却存在时间上的差异：快乐指的是短期的当前的感受，而幸福的感受是长期的。

主观幸福的观念受功利主义伦理学的影响。18世纪古典功利主义的鼻祖、英国哲学家边沁从经验主义伦理学出发，认为人的本性是趋乐避苦，把道德判断的标准归于人的苦乐感觉，认为人的行为完全以快乐和痛苦为动机。在此基础上，边沁提出了七种计算快乐（幸福）的方法指标，其中包括4个判断快乐和痛苦大小的计算因子，分别是强度、持续性、确定性、远近性，以及3个幸福最大化的标准：繁殖性、纯洁性、广延性（罗俊丽，2008）。受功利主义幸福观影响的主观幸福论主张从主观感受上评判幸福，认为幸福是人们所体验到的快乐和痛苦的平衡及满意度，把幸福本质上看作一种心理特征（Well-feeling），关注快乐和满足的心理成就，并提出了一套可量化测量的标准（苗元江，2007）。学界普遍认同主观幸福由积极情感、消极情感和生活满意感3个维度组成。3个维度构成了测量主观幸福感的关键指标。

对幸福的主观评价受个人偏好的影响，每个人对同样的生活有不同的满意程度，在度量上存在问题。因此，有的学者把注意力投向度量主观满足的“客观对应物”——诸如财富和收入等（邢占军，2002）。客观幸福论认为对物质的占有是幸福的源泉，将幸福理解为Well-having。在此基础上，美国哲学家罗尔斯（Rawls）把考察幸福的关注从收入扩大到“基本物品”，认为除了收入与财富，还需要考察包括其他帮助一个人实现其目标的通用性手段，如权力、自由权、机会以及自尊的社会基础等（Rawls，1999）。罗尔斯的基本物品观对客观幸福进行了拓展。

（二）福利（Welfare）

与福祉相近的另外一个概念是福利。《咬文嚼字》《论语》中的“利”都有好处和利益之意。由“福”“利”二字组成的“福利”一词早在《后汉书》“本传”中的《理乱篇》就有记载：“是使奸人擅无穷之福利，而善士挂不赦之罪辜。”韩愈《与孟尚书书》：“何有去圣人之道，舍先王之法，而从夷狄之教，以求福利也。”以上两处“福利”同样都有利益之意。福利既有物质方面的内容，如收入、住房、医疗等，也有精神方面的含义，如自由、公正、安全、友谊等（秦永超，2015）。《现代汉语规范词典》中对“福利”的定义包含名词和动词两种含义。名词含义指的是生活上的利益，特指对职工生活（食、宿、医疗等）的照顾。在英文语境下主要体现在“–fare”的后缀上，fare的词义是指公共设施的费用，所以福利这一概念的根本含义是在公共服务中对贫困者提供一些金钱或相当于金钱的物质援助，例如，基本的衣、食、住、医所需的物质援助或金钱补助（陈立行和柳中权，2007）。

“福利”一词常常与“社会”和“制度”等词汇相结合组成“社会福利”和“社会福利制度”的概念。“社会福利”指的是一种旨在帮助人们满足社会、经济、教育和医疗需要的国家项目、补助和服务制度，这些需要是维持一个社会运行的最基本条件（秦永超，2015）。社会福利制度有广义和狭义之分，广义上的社会福利制度指的是国家依法为全体公民提供旨在保证一定生活水平和尽可能提高生活质量的资金、物品、机会和服务的制度，主要包括收入维持（社会保险、社会救助、社会津贴）和社会福利服务（提供劳务、机会和其他形式的服务）两种形式（彭华民，2011）；狭义的社会福利制度指的是国家为帮助弱势群体或社会边缘群体、疗救社会病态而提供资金和社会服务的制度（秦永超，2015）。除了国家，福利的多元供给主体还包含市场、家庭、社区、社会组织等。

从这些概念上来看，福利关注的是一种外在系统支持和外在的物质供给。

（三）福祉（Well-being）

福祉与幸福、福利的含义存在密切关联，但是也有实质的区别。在现代心理学研究中，福祉对应的英文词汇来自合成词Well-being，反映出西方人对人类存在的思考取向。福祉同时包含主观幸福和客观幸福之意，既包含“人类满足需要后获得的幸福，个人因能实现自己的价值而获得的快乐”（彭华民，2011），又可以从客观的对应物和生活质量上（如教育、住房、收入、医疗、文化休闲等）得到体现。就福祉与福利的概念差异而言，后者关注人们所拥有的物质和精神条件，前者则侧重人们的生存状态。福利是实现福祉的外在手段，福祉是外在福利手段和支持所追求的终极目标。秦永超（2015）在对与福祉相关概念的辨析上总结出了福祉的内涵和本质：“福祉是一种人类生存状态；是一种良好的、健康的、满意的与幸福的生活状态；是指一个人的生活对其本人来说好的程度，或者个人生命存在的质量的良好程度。”

对福祉的组成要素有诸多不同的观点：Hossain等（2016）认为人的福祉包括健康、收入、安全、自由和社会关系5个维度；Giovannini等（2011）认为人类福祉包括健康、知识、工作、良好的物质条件、自我决定、人际关系和生活条件；Baulch（1996）认为福祉包含自我消费、公共资源使用、社会供给消费、资产、自我决定和尊严。从福祉的这些组成要素来看，对福祉的考察一方面关注人生理和心理的健康和物质满足，还关注更高层次的社会交往和人的自我决定和尊严。还有中外学者对“Well-being”中的“Being”的分解，认为可以将福祉（Well-being）包含的4个方面对中英文的表述进行对应，分别是：积极思考（Well-thinking）、积极行动（Well-doing）、美好拥有（Well-having）和幸福感（Well-feeling）（彭

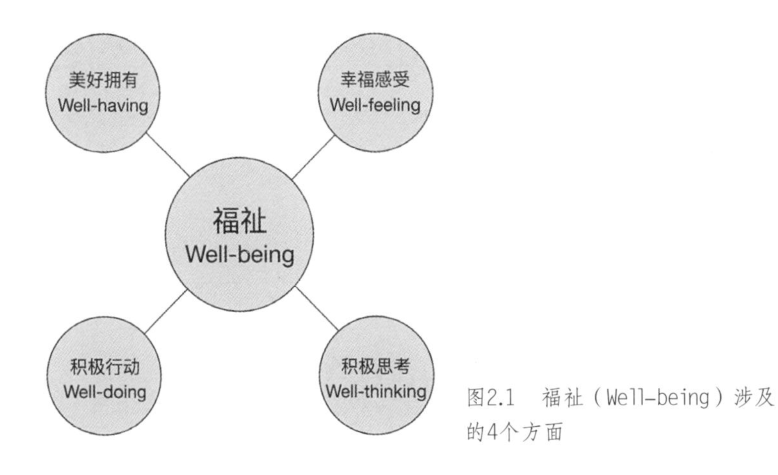

图2.1 福祉（Well-being）涉及的4个方面

华民和孙维颖，2016；Gasper，2004）（图2.1）。前文所述的主观幸福指的是Well-feeling，而客观幸福则指的是Well-having。现代积极心理学的研究认为持久的幸福是由人的行为和活动所决定的，而非占有。研究者倡导在设计过程中应该关注设计对象在调节提升幸福的行为的潜能而非物质性的属性（Wiese et al., 2019），即强调Well-doing。然而已有对福祉的研究大多关注Well-having（客观幸福）和Well-feeling（主观幸福），对Well-thinking和Well-doing缺乏足够的关注。此外，对福利和福祉的混淆也使得对福祉的研究更多关注外在的供给，忽略了个体自身的能动创造。

2.2 不同福祉观

福祉的观念在发展过程中经历了历史的嬗变，刘喜珍（2000）将其概括为理念幸福论（又可称之为德性幸福论或德性福祉观）、享乐幸福论、自然主义幸福论、宗教幸福论、劳动致福论、马克思主义幸福论六种形态。黄晓天（2005）则梳理出理性主义幸福观、感性主义幸福观、基督教幸福观和功利主义幸福观四种形态。本书所持的福祉观深受亚里士多德（Aristotle）和马克思（Marx）主义幸福观的影响。亚里士多德在德性伦理学中对福祉进行了具体阐述，影响了后世的研究，福利经济学家阿马蒂亚·森（Amartya Sen）的可行能力就受此影响。而在中国的语境下，马克思的科学幸福观对社会的发展有更深远的影响。因此本小节将对德性福祉论、可行能力视角和科学福祉观等三种“幸福”的观念做具体阐述。

（一）亚里士多德的德性福祉观

亚里士多德在《尼各马可伦理学》中对福祉和幸福做了系统的阐述。他对福祉的论述是从对“功能（Ergon）”的论述开始的，他认为实现了功能才能称之为幸福。亚里士多德认为“如果人有一种功能，他的善（幸福）就是这种功能的完善”。每种生命物都有其特有的功能，亚里士多德认为生命有三种方式：一是基于消化生长能力的营养生命；二是具有感官知觉能力的知觉生命；三是具有理性能力的实践的生命。这三者构成了一个等级，后一级包含前一级。那人的功能是什么呢？人的功能是只有人所特有的根本性的东西。亚里士多德认为人的功能在于人的理性的实践生命（余纪元，2011）。廖申白把“实践”注解为有选择目的的行为。根据亚里士多德的功能决定目的和尊严的思路，人的目的即最高善——幸福应是一种实现了实践生命的、能够出于自我意愿作出选择的自由，只有这样人才能成为有尊严的人。正如努斯鲍姆（Nussbaum）所说的，如果一个人被迫过着所有活动只是为了食物的生活，就会有一种“悲剧感”（于莲，2015），因为这跟人的功能是不匹配的。

因此，在亚里士多德看来，人的幸福不在于其状态，而在于其行动。他列举了奥林匹克运动会上桂冠不是给予最漂亮、最强壮的人，而是给予那些参与竞技的人来阐述他的观点。正如奥斯特沃特（Ostward）所说，功能实现就是“积极地”从事那些属于人的实践的生命的活动。幸福则是指个体的兴旺（Flourish）和理性生命的实践活动。亚里士多德的幸福观格外强调行动的重要性。因此，余纪元和林航（2011）认为亚里士多德的幸福概念不仅是“活得好（Well-living）”，还包含“做得好（Well-doing）”的含义。

（二）阿马蒂亚·森的可行能力视角

福利经济学家阿马蒂亚·森对关注主观感受和客观占有的福祉观提出了批判，他认为：主观标准派对于快乐、幸福和满意的心理测度受到长期剥削所导致的心理调整的扭曲（森，2013），森称之为“调整的偏好”。他提出，有可能人们不知道有更好的生活，从而对现在的生活很满意；或者知道有更好的生活但是被告知追求这种生活是错误的，从而放弃追求；或者即使去追求了，但是发现困难太大，代价太高，最终放弃并调整自己的偏好。调整的偏好不能反映真实的意图与向往。而客观标准派对基本物品的考察则有一种“拜物教”的倾向，忽略了福利在不同个体之间的异质性、环境的多样性、社会氛围的差异和人际关系的差异等。受亚里士多德影响，森在考察福祉的时候提出了可行能力方法（Capability Approach）。在森的定义里，可行能力是一个人过自己有理由珍视的生活的实质自由，关注功能的实现，强调个体在参与中的主观能动性（Agency）。“它将个人视为参与变化的能动主体而不是分配给他们利益的被动接受者”（亓昕，2010）。森的理论成为解决贫困问题、为贫困人口创造福祉的理论基础。

研究可行能力的另外一个学者努斯鲍姆受亚里士多德和马克思的影响，认为幸福尽管具有主体差异性，但是有一点是共同的，即“好的选择必须是从内部发出，而不会是从外部而来的命令”。“使得一个人成为好人的是他做选择的那个人，自己根据实践理性选择的生活才能算作好生活”（Nussbaum，1980），这里的好生活指的就是幸福生活。可行能力视角强调人们在争取幸福、创造福祉时的主动性。

（三）马克思的科学福祉观

科学福祉观是马克思主义从历史唯物主义的基本立场出发发展起来的。在此之前，以康帕内拉（Campanella）、卢梭（Rousseau）、费希特（Fichte）为主要代表的思想家突出劳动作为一种实践在创造幸福时的重要作用。康帕内拉在西方伦理史上首次提出"劳动光荣"的思想，并在其名作《太阳城》中描绘了一幅太阳城人人劳动的美好图景。康帕内拉指出，劳动是为全体人民的福利所需要的（陈万球，2015）。马克思在此基础上对劳动福祉论进行了发展。马克思主义认为，幸福是指主体通过创造性劳动，在物质生活和精神生活中，由于感受到和意识到自己的理想和目标的实现而引起的精神上的满足（《马克思恩格斯全集》，1958）。人的创造性活动过程标志着"作为目的本身的人类能力的发展"，人们在"活动时享受了个人的生命表现，感觉到个人的乐趣"。而一个人在创造活动中所感受到的享受，恰恰正是他作为一个创造者所获得的莫大幸福（陈瑛，1996）。马克思认为，人类的实践活动是幸福的根本源泉，是人区别于动物的根本标志。通过实践活动，人类与自然、社会以及自身发生联系，并协调平衡它们之间的关系，使人类社会得到进一步发展，促进人类幸福得到最终实现（陈万球，2015）。

陈万球（2015）对亚里士多德和马克思主义幸福观的比较中，揭示了幸福的本质，即幸福在于人的理性的实践生命的实现（马克思将幸福观强调为一种创造性活动），在实践活动中个人获得主体性（主观能动性"Agency"）的表达与能力的发展，并塑造了与物质世界和社会世界的联系。森和努斯鲍姆对幸福的观念同样强调个体在福利实现时的能动性。这一幸福观脱离了物质占有和瞬时的愉悦情感满足的片面认知，强调在实现幸福的过程中个体的实践、努力和参与的重要意义，同时关照到个体与福利施与者的关系，即个体既是福利的接收者，同时也是创造者。

这些观念共同强调了积极行动（Well-doing）这一幸福的要求，强调老年人在实现幸福过程中的主动参与和能动性的实现。这一方面是对人的内在的要求，反映了幸福的本质，另一方面也是社会发展的客观要求。人口老龄化带来了一系列的问题，如劳动力资源的短缺、医疗健康支出的增长、养老金的匮乏、家庭赡养压力的增加等，给社会经济的可持续发展带来了巨大的挑战。如何将“老龄化对社会经济的压力转化为促进可持续发展的动力”是新时期应对人口老龄化的重要要求（陈功，2011）。联合国《2030年可持续发展议程》（*The 2030 Agenda for Sustainable Development*）明确提出只有全年龄段的人都参与进来才能实现可持续发展的目标。这一福祉的观念和国际社会应对老龄问题所倡导的“积极老龄化”不谋而合。

2.3 积极老龄化的发展源流

积极老龄化的理念和政策是在成功老龄化、生产性老龄化和健康老龄化的基础上逐步发展起来的。成功老龄化（Successful Ageing）最早在20世纪四十年代提出，在九十年代，由美国学者Rowe和Kahn在*Science*上的文章得到推广（Rowe & Kahn，1987）。成功老龄化包含低患病率和残疾、高认知和物理功能，以及积极参与3个方面的成功，强调老年时期还能维持中年时期的活动模式和价值。这一观念改变了人们对老龄化的负面认识，但同时也忽略了增龄过程中的客观生理变化，充满了理想主义情怀。此外，“成功”的定义从反面也规定了“不成功”的定义，存有负面的主观认知和价值判断（Hank，2011）。

1983年，美国杰出的老年医学专家、国家老龄问题研究所第一任主任Robert Butler首次提出了生产性老龄化（Productive Ageing）的概念，1985年，生产性老龄化的专著形成（Butler & Gleason，

1985）。生产性老龄化指的是“老年人参与有偿工作、各种形式的志愿活动（正式或非正式）以及其他能得到报酬的工作的活动”（Norrow-Howell & Wang，2013）。研究者认为，随着老年人健康余寿的延长和受教育水平的提高，老年人的能力正在提高，他们有能力从事产生社会经济贡献的活动，包含有偿工作、志愿服务和照顾教养孙辈等［南希·莫罗-豪厄尔，2011］。生产性老龄化是对年龄歧视的对抗，它的提出试图将老年人从社会负担转变为潜在的生产力，而这些生产性的活动有助于缓解人口老龄化带来的社会经济压力。但有学者批判这一理念将生产性活动狭义地集中在商品和服务生产上，具有工具性和经济性的特征，对老年人是不友好的，具有一定的局限性（Walker，2015）。

在生产性老龄化提出之后，健康老龄化（Healthy Ageing）的概念在1987年的世界卫生大会上提出。1990年，世界卫生组织在哥本哈根老龄问题大会上进一步将健康老龄化提升到战略地位（谢晖，2019）。健康老龄化是指从整体上促进老年人的健康，从而使老年人在体力方面、才能方面、社会方面、感情方面、脑力和精神方面得到平衡发展。健康老龄化的提出，否定了“无病即健康”的简单定论，认为健康包括躯体、社会、经济、心理和智力等诸多功能状况良好，能精力充沛地适应社会生活和工作（郭爱妹，2011），强调更全面的生命质量，具有积极的社会意义。但同时学者也指出，健康老龄化和成功老龄化一样具有本质主义的取向，仍旧将老年人视作社会的负担。此外，研究者还认为健康老龄化过于强调自上而下的干预模式（谢晖，2019），主要被健康服务部门所关注（同春芬和刘嘉铜，2017），老年人自身的能动性没有得到充分关注。

积极老龄化（Active Ageing）是在健康老龄化的基础上提出来的，它旨在传达一个比健康更具包容性的概念。积极老龄化的提出可以追溯到1997年的西方七国丹佛会议，会上强调活动和健康的相互作用。1999年，欧盟以“积极老龄化”为主题召开会议，对积极老龄化展开探讨，初步提出了积极老龄化的政策框架。直到2002年，在马德里召开的联合国第二届世界老龄问题大会上，“积极老龄化”概念被正式提出。同年，世界卫生组织发布《积极老龄化：政策框架》报告，报告中对积极老龄化进行了明确的定义——“老年时期为了提高生活质量，使健康、参与和保障三方面都可能获得最佳机会的过程”。其中“积极”一词强调活跃且持续的参与，不仅强调老年人身体活动和体力劳动的正确参与方式，还包含老年人不断参与社会、经济、文化、精神和公民事务的能力（WHO，2002：12）。至此，积极老龄化的理念作为国际社会应对新时期老龄化挑战的政策框架和行动指南得到确立。欧洲委员会对积极老龄化的定义是：“随着身体的老化，老年人能拥有健康的身体，并且作为社会的一员，能够在生活中保持独立、在工作中获得满足、作为公民能更好地参与社会”（European Commission，2012），该定义同样强调了老年人的参与感。

积极老龄化在理论发展的过程中吸收了不同理念的优越性，并摒弃不足，成为老龄化理论的集大成者，取得了国际社会的普遍共识。比较积极老龄化和其他老龄化理念和政策的意涵可以发现，积极老龄化的理念和政策框架不是取代健康老龄化，而是在健康老龄化的基础上强调参与的重要性。健康老龄化是积极老龄化的基础和保障。健康老龄化强调单维的自上而下的管理，而积极老龄化强调从老年人自身和外在系统出发进行多维的干预，崇尚自上而下与自下而上相结合的方式。对参与感的强调则是在吸收了生产性老龄化的理念的基础上提出的，与生产性老龄化不同的是，积极老龄化扩展了参与的内涵，强调参与感不仅仅是经济性的生产和家庭照料，还包含日常生活中的身体活动参与等，并且将参与作为一项权力（Rights-based）而非需求（Needs-based）来保障。与成功老龄化相比，积极老龄化不对“成功”做价值判断，也不排除那些在老年期孱弱和失能的人提高生命质量的可能性（WHO，2002）。

在2015年发布的《世界老龄化与健康报告》中，世界卫生组织对健康老龄化进行了新的阐述（WHO，2015）。新的健康老龄化指的是老年时期发展和保持身体功能（Functional Ability）以使福祉成为可能的过程。身体功能取决于一个人的内在能力（即人的所有身体和心理能力的组合）、他或她所生活的环境（基于最广泛意义上的理解，包括实体、社会和政策环境）及其相互之间的互动，包含满足基本需求、学习成长和做决策、活动走动、建立和保持关系以及贡献社会。新提出的健康老龄化的概念继承了积极老龄化所倡导的将老年人作为资源的视角，并将贡献社会作为一项功能性能力。可以看出，新健康老龄化概念整合了积极老龄化的内容。经由落实证据和建立伙伴关系，在2019年6月12日年世界卫生组织正式形成《2020—2030年健康老龄化行动十年》的草案（WHO，2019）。

表2.1梳理了老龄化理念的发展及不同理念的定义、优点和不足。

表2.1　老龄化理念的发展源流

理念（提出时间）	定义	优点	不足
成功老龄化（1940年提出，1987年得到推广）	成功老龄化包含低患病率和残疾、高认知和物理功能以及积极参与3个方面的成功，强调老年时期还能维持中年时期的活动模式和价值	同时强调健康和参与	过于理想主义定义“成功”和“不成功”，存在价值偏差
生产性老龄化（1983年提出）	老年人参与有偿工作、各种形式的志愿活动（正式或非正式）以及其他能得到报酬的工作活动	对抗年龄歧视，缓解老龄化社会的压力	过于关注经济性的生产，对老年人不友好
健康老龄化（1987年提出，1990被WHO提升到战略地位）	从整体上促进老年人的健康，从而使老年人在体力方面、才能方面、社会方面、感情方面、脑力和精神方面得到平衡发展	否定了“无病即健康”的简单定论，扩展了健康的含义	将老年人看作负担的本质主义单维的自上而下的干预

续表

理念（提出时间）	定义	优点	不足
积极老龄化（1997年提出，2002年被WHO明确定义并推广）	老年时期为了提高生活质量，使健康、参与和保障3个方面都可能获得最佳机会的过程	强调参与的潜能和权力，关注更广泛的参与活动，多维干预	—
“新”健康老龄化（2015年阐述概念，2020年形成行动计划）	发展和维持身体功能使老年人保持福祉（Well-being）的过程。身体功能是有关使人们做有理由珍视的事或成为有理由珍视的人的能力	进一步扩展了健康的含义整合了积极老龄化的内容，强调资源的视角和社会贡献，关注多样性和平等	—

2.4 积极老龄化的核心要义

积极老龄化中的“积极”一词包含“Positive”和“Active”两重含义（谢晖，2019）。“Positive”强调的是“正面”之意，与“Negative”表示的“负面”相对，是对传统将老年人视作“负担”和“无能”的负面刻板印象地挑战，充满了建构主义的色彩。而“Active”包含“活跃”和“主动”之意，强调老年人积极的社会参与和主动的福利创造。

（一）积极社会建构

老龄化政策框架的演变，一方面反映了社会发展的需求，同时也是社会建构的结果。建构主义哲学认为现实是多元的，因历史、地域、情境和个人因素的差异而不同。可以通过研究人员与研究对象之间的互动以及研究参与者之间的互动来探索这些现实，并对其进行解释或重构（Chalmers，Manley & Wasserman，2005）。

社会建构论被认为是积极老龄化的元理论，社会建构论者认为“老龄化并非人的内在本质，而是社会生活中人际互动的结果，是话语建构的产物”（郭爱妹和石盈，2006），是对本质主义老龄观的批判。老龄化的传统定型和本质预设（如机能衰退、疾病、依赖）滋长了年龄歧视，积极老龄化的倡导正是为了打破这一预设。不同文化、不同历史时期对老龄化也有不同的认识，在某些文化里，老年人被看作更有智慧和更受尊重的成员。在中国古代，老年人被当作经验丰富且容易服众的形象被尊崇。如在明朝初期乡村社会的组织管理中，政府长期设立“里老”制度，择任一些“年高德劭”的老人管理和督促乡村的某些事务（梁云，2013）。“消极老龄观并不是对自然化的生命历程的客观描绘，而是反映了特定文化与历史的要求”。社会疏离理论（Disengagement Theory）认为让老年人以适当的方式从社会中逐步疏离是必要的。这一方面是由老年人身体机能的变化决定的，另一方面也体现了社会的需要。老年人达到一定年龄后逐渐退出工作岗位，可以使年轻人在得到充分训练后掌握权威（Achenbaum & Bengtson，1994）。

建构主义的研究是为了理解和建构，扩大自身描述和理解事物的认知结构与叙事话语（陈向明，2000）。因此，在老龄化的不同理解中，积极老龄化的目的不是为了找到老龄化的“真相”，而是“揭示隐藏于主流的老年学研究中的话语霸权，在反思和批判中展现更多的积极的老龄化景观”（郭爱妹和石盈，2006），在研究者和被研究者之间的辩证对话中，通过互为主体的互动达到生成性的理解，形成新的社会现实（陈向明，2000）。

在新的历史时期，传统对老年人的“问题化”认知，片面地聚焦于老年人生活的不便，这些消极的标签不断蚕食着老年人的自我认同和社会融入，也影响了养老服务的可持续性（李建和谢丽莉，2017）。世界卫生组织明确提出这种“问题化”的倾向已无法反映现实。事实上，大多数人到老年依然保持独立。特别在发展中国家，很多60岁以上的人都在继续劳动，如家务劳动或小规模的自我雇佣活动，老年人在家进行无偿劳动，使得年轻的家庭成员可以进行有偿劳动。世界卫生组织呼吁老年人自身和媒体须带头塑造一个新的、积极的老龄化形象，以减少和消除年龄歧视（WHO，2002）。

积极老龄化是对传统将老年人视作“负担”和“无能”的负面刻板印象的挑战，强调老年人（即便是患病或有残疾）都具备一定的潜能，都可以不同程度地保持个体独立，并通过不同形式为家庭和社会做贡献。这一认知承认老化过程的积极变化。

（二）积极社会参与

积极老龄化一词中的“积极”一词不仅包含“Positive”的正面之意，还包含“Active”的意思（谢晖，2019）。“Active”有“活跃”和“主动”之意，强调老年人的积极参与和主动的福利创造。积极参与被认为是积极老龄化的核心，也是积极老龄化区别于健康老龄化等其他老龄化理念的主要区别，是实现积极老龄化的必要途径（WHO，2002）。老年人的社会参与内容广泛，主要包含社会参与和自身（个人）活动的参与两大类（侯蔺，2017；王莉莉，2011），具体包括以再就业为主的社会经济活动、以精神娱乐为主的社会文化活动、以增加社会网络为主的人际交往活动、以实现自我为主的社会公益和志愿者活动。家务劳动也是老年人社会参与的一部分（王莉莉，2011）。表2.2展示了不同的社会参与类型及其对应的活动。

表2.2　社会参与类型

社会参与类型	活动类型
经济活动参与	有酬劳的社会劳动，如再就业
文化活动参与	以精神娱乐为主的群体休闲活动
志愿服务参与	以增加社会网络为主的社会交往活动
人际交往参与	以实现自我为主的社会公益和志愿者活动
家务活动参与	包含家务劳动和照料孙辈

鼓励老年人的积极社会参与有着坚固的理论根基。活动理论（Activity Theory）认为生活满意度源于清晰的自我认识，自我认识

源于新的角色，新的角色源于社会参与的程度，因此活动理论主张通过新的参与、新的角色以改善老年人因社会角色中断所引发的失落（郭爱妹，2011）。从社会交换理论来看，老年人社会地位的下降，主要在于缺少可供交换的资源和价值，而积极的社会参与有助于老年人挖掘自身价值实现资源的交换。社会资本（Social Capital）理论也为老年人社会参与的动机和必要性提供了解释。积极的社会参与有助于老年人保持和扩大社会网络，提高个人社会资本（王莉莉，2011）。社会参与使得老年人从被动的福利接受者转变为主动的福利创造者，可以有效缓解人口老龄化带来的压力，增强老年人的自我实现和能动性。研究还表明，老年人的参与行为具有降低身体疾病和心理疾病发病率的效果，有助于增强老年人的认知能力，延缓认知衰退。老年参与者还能获得知识和技能（侯蔺，2017），提升社会性能力。

2.5 小结

综合本章对幸福、福祉的概念梳理和观念的解读，我们关注到幸福中"积极行动（Well-doing）"的要素，而国际社会倡导的积极老龄化的观念与这一观念是一脉相承的，强调老年人的积极参与和贡献。因此，我们可以将老龄福祉和积极老龄化建立关联，从积极老龄化的视角建立一种积极的老龄福祉观。为提升老年人的幸福和福祉，设计的重要功能是提升老年人自己的积极参与，发挥老年人自身在创造福利上的主观能动性，加强老年人对自我生活的自我掌管。积极老龄化所强调的积极建构也需要设计师理解老化的积极变化，并在此基础上主动发挥设计的建构作用。

参考文献

[1] 阿马蒂亚·森. 以自由看待发展[M]. 任赜，于真，译. 北京：中国人民大学出版社，2013.

[2] 陈功. 老有所为 大有可为[J]. 人口与发展，2011，17（6）：31.

[3] 陈立行，柳中权. 向社会福祉跨越：中国老年社会福祉研究的新视角[M]. 北京：社会科学文献出版社，2007.

[4] 陈万球. 马克思和亚里士多德幸福观比较[J]. 伦理学研究，2015，（5）：29-33.

[5] 陈向明. 扎根理论的思路和方法[J]. 教育研究与实验，1999，（4）：58-63+73.

[6] 陈向明. 质的研究方法与社会科学研究[M]. 北京：教育科学出版社，2000.

[7] 陈瑛. 人生幸福论[M]. 北京：中国青年出版社，1996：515-516.

[8] 郭爱妹，石盈. "积极老龄化"：一种社会建构论观点[J]. 江海学刊，2006，（5）：124-128.

[9] 郭爱妹. 多学科视野下的老年社会保障研究[M]. 广州：中山大学出版社，2011：52+64.

[10] 侯蔺. 积极老龄化视角下我国积极养老的实践探索[J]. 老龄社会科学，2017，5（12）：18-30.

[11] 黄晓天. 西方幸福观的历史回眸与现实思考[J]. 山东行政学院学报，2005，（3）：119-121.

[12] 李建，谢丽莉. 优势视角下积极养老服务模式创新——以"爷爷奶奶一堂课"为例[J]. 中共福建省委党校学报，2017，5：77-84.

[13] 梁云. 明初里老解纷制度及其现代启示[D]. 沈阳：辽宁大学，2013.

[14] 刘喜珍．西方幸福观的理论形态及其嬗变[J]．北方工业大学学报，2000，（2）：70–73.

[15] 罗俊丽．边沁和密尔的功利主义比较研究[J]．兰州学刊，2008（3）：158–160.

[16] 马克思，恩格斯．马克思恩格斯全集，第4卷[M]．北京：人民出版社，1958：370–371.

[17] 苗元江．幸福感：指标与测量[J]．广东社会科学，2007，（3）：63–68.

[18] 南希・莫罗–豪厄尔．生产性老龄化：理论与应用视角[J]．人口与发展，2011，17（6）：42–46.

[19] 彭华民，孙维颖．福利制度因素对国民幸福感影响的研究——基于四个年度CGSS数据库的分析[J]．社会建设，2016，11（3）：4–14.

[20] 彭华民．中国组合式普惠型社会福利制度的构建[J]．学术月刊，2011，43（10）：16–17.

[21] 亓昕．农民养老方式与可行能力研究[J]．人口研究，2010，34（1）：75–85.

[22] 秦永超．福祉、福利与社会福利的概念内涵及关系辨析[J]．河南社会科学，2015，23（9）：118–122+130.

[23] 同春芬，刘嘉铜．积极老龄化研究进展与展望[J]．老龄科学研究，2017，5（9）：69–78.

[24] 王莉莉．中国老年人社会参与的理论、实证与政策研究综述[J]．人口与发展，2011，17（3）：35–43.

[25] 谢晖．积极老龄化模型构建：基于世界卫生组织积极老龄化框架的实证研究[D]．济南：山东大学，2019.

[26] 邢占军．主观幸福感测量研究综述[J]．心理科学，2002，25（3）：336–338.

[27] 亚里士多德．尼各马可伦理学[M]．廖申白，译注．北京：商

务印书馆，2003.

[28] 于莲．来自尊严的正义——试析基本可行能力清单[J]．华中科技大学学报（社会科学版），2015，（4）：28–34.

[29] 余纪元，林航．“活得好”与“做得好”：亚里士多德幸福概念的两重含义[J]．世界哲学，2011（2）：248–262.

[30] 余纪元．亚里士多德伦理学[M]．北京：中国人民大学出版社，2011：54.

[31] Achenbaum W A , Bengtson V L. Re–engaging the Disengagement Theory of Aging: On the History and Assessment of Theory Development in Gerontology[J]. *Gerontologist*, 1994, 34(6): 756–63.

[32] Baulch B. Neglected Trade–Offs in Poverty Measurement[J]. *IDS Bulletin*, 1996, 27 (1): 36–42.

[33] Butler R N, Gleason H P. *Productive Aging: Enhancing Vitality in Later Life*[M]. New York: Springer Publishing, 1985.

[34] Chalmers D, Manley D, Wasserman R. *Metametaphysics: New Essays on the Foundations of Ontology*[M]. Cambridge: Oxford University Press, 2005.

[35] European Commission. *European Year for Active Ageing and Solidarity Between Generations* [EB/OL]. http://europa.eu/ey2012/ey2012main.jsp?cat Id=971&lang Id=en, 2017–5–12.

[36] Gasper D. *Human Well-being: Concepts and Conceptualizations, WIDER Working Paper Series DP2004-06*[R]. The United Nations University World Institute for Development Economic Research (UNU-WIDER), Helsinki, 2004.

[37] Giovannini E, Hall J, Morrone A, et al.. A Framework to Measure the Progress of Society[J]. *Revue d'Économie Politique*, 2011, 121 (1): 93–118.

[38] Hank K. How Successful Do Older Europeans Age? Findings From

SHARE[J]. *Journals of Gerontology Series B-Psychological Sciences and Social Sciences*, 2011, 66B (2): 230–236.

[39] Hossain M S, Johnson F A, Dearing J A, et al.. Recent Trends of Human Wellbeing in the Bangladesh Delta[J]. *Environmental Development*, 2016: 21–32.

[40] Morrow–Howell N, Wang Y. Productive Engagement of Older Adults: Elements of a Cross–Cultural Research Agenda[J]. *Ageing International*, 2013, 38 (2): 159–170.

[41] Nussbaum M C. *Shame, Separateness, and Political Unity: Aristotle's Criticism of Plato*[M]. Garage: University of California Press, 1980: 395–435.

[42] Rawls J. *A Theory of Justice* [M]. Princeton: Belknap Press of Harvard University Press, 1999: 60–65.

[43] Rowe J W, Kahn R L. Human Aging: Usual and Successful[J]. *Science*, 1987, 237 (4811) : 143–149.

[44] Walker A. Active ageing: Realising Its Potential[J]. *Australasian Journal on Ageing*, 2015, 34 (1) : 2–8.

[45] WHO. *Decade of Healthy Ageing 2020—2030*[R]. Geneva: World Health Organization, 2020.

[46] WHO. *Active Ageing-A Policy Framework*[R]. Geneva: World Health Organization, 2002.

[47] WHO.*World Report on Ageing and Health*[R]. Geneva: World Health Organization, 2015.

[48] Wiese L, Pohlmeyer A, Hekkert P. *Activities as a Gateway to Sustained Subjective Well-Being Mediated by Products* [C]. New York: ACM Press. 2019, PP. 85–97.

第3章
新框架：以赋能为导向的积极老龄化设计

新的老龄福祉观关注老年人的积极参与、自我掌管和积极贡献。赋能的理念被广泛应用到服务老年人，以及其他在社会系统中相对处于弱势地位人群的其他专业领域，如社会工作、健康医疗等。赋能关注个人或集体对自我及与自身相关的事务的掌控。赋能的研究者主张改变传统的基于问题的思维，倡导一种以“资源”和以“优势”为导向的积极思维。作为一个理论概念，赋能的理论被广泛应用在不同的学科领域，具有深厚的学理基础。因此，本章将引入赋能的理论视角，建构积极老龄化设计的理论框架，从而为老年人带来福祉。

3.1 赋能的基础理论

（一）赋能的定义

赋能起源于维多利亚中期的自助和互助传统，最初应用于女权运动、大众教育以及黑人政治等领域［亚当斯（Adams），2013］。赋能运动是依靠反性别歧视、反种族歧视、反残障歧视等反压迫运动而发展起来的，这些运动主张为“弱势”群体注入动力。赋能理论的发展最早可以追溯到19世纪五十年代巴西教育家保罗·弗莱雷（Paulo Freire）帮助被压迫和边缘化社区实现解放的斗争。弗莱雷主张与被压迫者分享权力，而非仅仅为他们做某些事。此后，赋能运动在20世纪七十年代的美国、英国等西方发达国家兴起。社会行动主义（Social Activism）被认为是赋能产生的理论根源，强调被压迫的个体通过集体行动（Collective Action）来改变现状（Drury et al., 2005）。因此，一般认为赋能是一个批判性的活动，批判性体现在对不平等压迫和歧视的社会现状以及热衷于专业者权力的反抗，“让一个人从压迫中，或从身体的、法律的、道德的和精神束缚中释放出来，获得自由”（Adams，2013）。面向老年人的赋能，就要求设计师和老年人自身打破将老年人视作“福利接收者”“无能”“无用”的标签化定型和年龄歧视，从老化就意味着“疏离”的精神束缚中解放出来。

研究者对赋能进行了不同的操作性定义。表3.1给出了8个不同的定义。

表3.1　赋能定义

学者	定义
Rappaport（1984）	赋能是一个个体、组织和社区对自身事务获得掌控的过程和机制
Conger & Kanungo（1988）	赋能是一个组织成员通过识别导致无力感的条件，通过正式的组织行为和非正式的方式提供效能感信息，去除这些不利条件以提高自我效能感的过程
Rappaport（1995）	赋能是一个有目的的、持续的过程，它集中在本地社区，涉及相互尊重的、关怀的和反思的参与。在这一过程中，缺乏平等享有宝贵资源份额的人们将获得更多对这些资源的控制
Mechanic（1991）	赋能是个人学会了解目标与实现目标的方式之间的紧密联系，以及其努力与生活成果之间的关系的过程
McWhirter（1991）	赋能是感觉无力的人、组织或团体（a）意识到自己生活、工作中的动力，（b）发展获得对生活进行合理控制的技能和能力，（c）在不侵犯他人权利的情况下行使这一能力进行控制，并且（d）支持赋予他人社区权力的过程

续表

学者	定义
Gilson（1991）	赋能是一个识别、促进及提高人们应对需要及解决其本身问题的能力，并且动员所需要的资源，使人自觉控制生活的社会性的过程
Adams（2003）	赋能是个人、团体、社区掌管自己的情况，行使权力并实现自己的目标的能力，以及个人和集体能够借助帮助自己和他人最大化他们生命质量的过程
Cattaneo & Chapma（2010）	赋能是一个迭代的过程，在这个过程中，缺乏权力和影响（Power）的人设定了个人有意义的增加权力和影响的目标，朝着该目标采取行动，并观察和反思这种行动的影响，利用他或她不断发展的自我效能感，以及与目标相关的知识和胜任感。社会环境影响着目标、行动、影响、自我效能感、知识和胜任感6个组成部分及其之间的联系

其中，Gibson（1991）认为"赋能是一个识别、促进及提高人们应对需要及解决其本身问题的能力，并且动员所需要的资源，使人自觉控制生活的社会性的过程"。Rappaport（1995）认为赋能是一个有目的的、持续的过程，它集中在本地社区，涉及相互尊重的、关怀的和反思的参与。在这一过程中，缺乏平等享有宝贵资源份额的人们将获得更多对这些资源的控制。这两个定义都强调了资源的概念，认为赋能是个人能力和资源的识别、发展和利用的过程。Adams（2003）认为赋能是个人、团体、社区掌管自己的情况，行使权力并实现自己的目标的能力，以及个人和集体能够借助帮助自己和他人最大化他们生命质量的过程。这一定义在个人赋能之外强调集体的赋能。

（二）赋能的心理评价

赋能效果可以从心理体验上进行评价，心理学的研究结合其他理论给出了赋能的心理结构。Deci（1975）的认知评价理论认为，内在动机来源于个体的胜任感（Competence）和自我决定感（Self-determination），任务的激励效果不是由任务活动的客观特征决定，而是由这些任务活动赋予人的心理意义所决定的。由于任务给个体带来了选择（Choice）和胜任感，个体就会受到激励。Hackman等人（1975）的工作特征模型是被广泛使用的内在动机模型，该模型认为，如果工作特征能给个体带来意义感（Meaningfulness）和影响力（Impact），那么就能增加个体的内在动机。Thomas 和 Velthouse（1990）整合了前人的研究，逐渐整合出心理赋能的四维结构，包括意义、能力、选择和影响4个方面。Spreitzer（1995）进一步将"选择"这一术语替换为"自我决定"。而Kirkman和Rosen（1999）将"胜任感"用"效能（Potency）"来代替，"自我决定"用"自主性（Autonomy）"这一术语来代替。这四维结构虽然在表述上有差异，但是含义上近似。意义感指的是工作目标与个人信念或价值观之间的契合度，表达的是个人是否觉得自己所做的事情是有价值的；胜任感（效能）指的是个人对自己熟练执行工作能力的信念，是否觉得自己能胜任这个工作，这一概念也整合了班杜拉（Bandura，1977；1982）关于自我效能感的研究；选择（自我决定或自主性）指的是人的自主权或对工作行为和过程的控制感，并反映了在发起和调节行动中的选择；影响是个人认为自己的行为造成影响的程度。

上述包含4个维度的心理赋能结构被广泛应用于组织管理学中，用于对赋能管理的效果进行评价。赋能这一理念在社会创新中的应用也激发了学者对这四维结构的应用和扩展。Avelino等人（2019）的研究将关联性（Relatedness）和恢复力（Resilience）纳入到赋能的考虑中。关联性指的是人们感觉彼此联系并成为社会群体的一部分，并可以从中获得支持和认可的感受。前文提到赋能能从认知、情感和行为扩展到关系上，可见关联感这一维度是赋能重要的考量标准。恢复力指的则是当人们招致失败时制定心理和行为策略使他们能够保持追求目标和采取下一步行动的学习、适应和从挫折中恢复的能力。张双燕、王艳波和韩改英（2019）对妊娠糖尿病患者的实证研究也表明赋能教育可以改善妊娠糖尿病患者的心理恢复力（弹性）。在四维结构上加入关联性和恢复力就构成了心理赋能的6个维度。表3.2总结了心理赋能在6个维度上的具体含义和心理感受。

表3.2 心理赋能的6个维度（来源：Avelino et al.，2019）

6个维度	具体含义	心理感受
意义感 Meaningfulness	工作目标与个人信念或价值观之间的契合度	我觉得这件事情是有意义的
胜任感 Competence	个人对自己熟练执行工作能力的信念	我觉得我可以胜任这份工作
自主性 Autonomy	个人的自主权或对工作行为和过程是有选择的控制感	我可以决定要怎么做/做什么
影响力 Impact	个人认为自己的行为造成影响的程度	我可以对结果产生影响
关联感 Relatedness	彼此联系并归属于某一社会群体，并可以从中获得支持和认可的感受	我和别人彼此相连，我属于这个群体
恢复力 Resilience	从挫折中学习、适应和恢复的能力	我可以适应和恢复

Spreitzer（1995）对赋能的4个维度——意义、胜任力、自我决定（自主性）和影响进行了明确定义，验证了这4个维度在工作环境中的效度，并开发了相应的量表。具体而言，意义（或者目的）是指个体根据自己的观点和标准对工作目的进行的价值判断，反映了个体的信仰、价值观和行为与工作角色之间的一致性的程度。胜任力（或者能力）是指个体对自己是否拥有成功完成工作所需的技能、能力和知识等的感知。胜任力是与自我效能类似的感知。自我决定（选择性）指个体对自己的行为和过程进行控制、选择或者自主决策的感觉。影响力指个体关于自己能够影响组织战略、管理或者经营结果的信念。对关联感和恢复力这两个维度上还没有学者编制具体的评价指标，但Avelino等人（2020）给出的赋能在表3.2中6个维度上的心理感受描述可以用来对赋能进行粗略的评价。

3.2 实务工作赋能

赋能的理论被广泛应用于与弱势群体相关的工作领域，为社会工作、健康护理、组织管理、教育和媒体等领域的实务工作提供了重要的支持。与老年人相关的赋能研究主要集中在社会工作和健康护理领域。

（一）社会工作——以赋能为导向的社会工作

在社会工作中，在赋能的理论指导下，研究者发展出了“以赋能导向的社会工作（Empowerment-oriented Social Work）”理论和实践。以赋能导向的话语方式重新定义了专业帮助者的角色，通过把“委托人—专家”的称谓变成“参与者—协作者”来增强被动等待帮助一方的积极性（Rappaport，1984）。专家和参与者一起工作，而非居高临下地提出倡议。在这种情境下，专家也被当作可被利用的一种资源，积极激励、培育、支持、协助、激发、释放被帮助对象的内在优势和潜质，鼓励其用自身力量解决问题（程萍，2016）。Cowen强调赋能的途径是加强好的方面（Wellness）而非关注问题，定义优势而非风险，强调环境的积极影响而非责备牺牲的部分。赋能的理念要求将被赋能者视为自己解决问题的能动者，将赋能者视为具有可用知识和技巧的协作者和解决问题的伙伴与合作者（Solomon，1976），这些观点同时考虑了“将自己当作改变的初始力量”和“促进改变的多重因素”，注重积极的价值取向。

Cox和Parsons（1994）的“以赋能为导向的社会工作模型”提供了一个包含理论基础、价值基础和行动指南的框架。该模型价值上关注人的需求满足社会的公正目标，倡导社会公平和资源的平等分布以及人对自我生活的决策，尊重多样性。将社会工作帮助的过程重新定义为一种共享权力（Help With）和以参与为导向的过程（Gutierrez，Parsons & Cox，1998）。在实施干预的行动层面，该模型为应对问题进行了4个维度的概念化处理。第一维度关注个人的需求、困难和价值；第二维度关注共同的问题和个人的优势与劣势以及发展社会的支持；第三维度关注环境和组织问题，包含服务提供中的问题，与获取服务有关的技能发展，和专业人员的沟通、对倡导的参与和产生改变的活动；第四维度关注宏观的包含政治、经济、社会因素。这一框架提供了一个渐进的从微观的个人、中观的人际到宏观的政治层面的赋能过程。实施这一框架的关键在于帮助人们融入到不同层面的问题理解过程中，并发展出知识和技能去解决这些问题。这一框架自1997年传入日本之后被广泛应用于针对老年人的社会工作中（Inaba，2016）。

Fawcett等人（1994）发展出了赋能情境行为模型（图3.1），该模型认为赋能水平受个人（或群体）因素和环境因素之间动态相互作用的影响。个人（或群体）因素用个人或团队力量的强弱程度来分类，分为经验和能力以及物理或生物能力损失，肢体残疾或知识和经验较少的人可能没有那么多的能力，反之亦然。环境因素按是

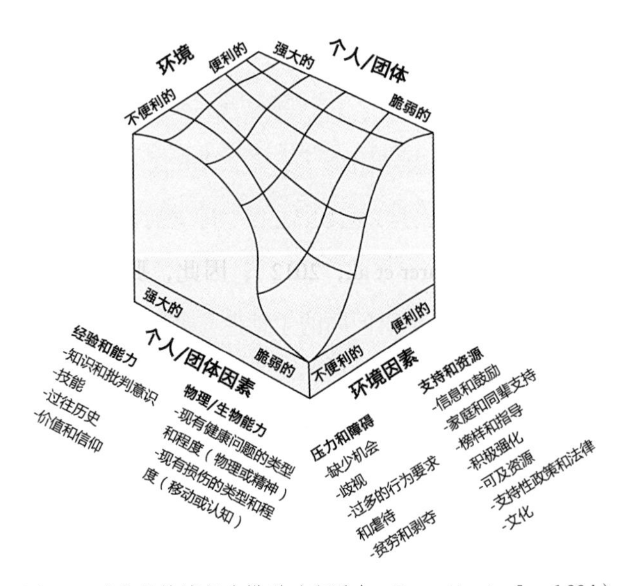

图3.1　赋能的情境行为模型（翻译自：Fawcett et al.，1994）

否具有促进性分为两个类别，包含压力和障碍以及支持和资源两个类别。基于这一模型，Fawcett和他的同事确定了四种主要策略，分别是增强经验和能力、增强团体结构和能力、消除社会和环境障碍以及增强环境支持和资源。在四种策略下，研究者提供了三十三种具体的赋能方法和活动。这一模型被用于残障人士、老年人等相对处于弱势地位的社会群体的赋能工作中。

（二）护理学——健康赋能/病患赋能

赋能的价值和理论最早在健康领域的应用可以追溯到1977年的国际初级卫生保健大会，会上发表的《阿拉木图宣言》（*Alma Ata Declaration*）声明健康是基本人权，病患有权利和义务参与到自身的健康保健计划的制定和实施中。此后“增加人们的控制权，并改善其健康”成为了公共卫生领域的重要策略（孙一勤和姜安丽，2017）。

在文献中，赋能在健康领域的研究通常以健康赋能（Shearer，2009）和病患赋能（Te Boveldt et al.，2014）的概念出现。前者主要应用于公共健康领域，关注个人对自身资源和社会资源的积极动员；后者则应用于病患的护理领域，关注病患与医护人员之间的关系。两者虽然出现的情境有差异，但都是以促进人的健康福祉为目的的。健康赋能的理论参考生命历程理论的发展观点，生命历程发展观将人视为在与环境的动态交互过程中持续创新的、具有与生俱来的潜能的个体（Shearer et al.，2012），因此，那些存在健康问题的人也应该被视为解决健康问题的主动参与者和重要资源。而赋能的过程就是个人资源与社会情境资源的结合过程，是一个有目的地参与个人自身和环境的改变和识别，并利用内部资源谋求福祉的过程，强调促进个人参与健康决策的意识（Shearer，2009）。

Falk-Rafael（2001）的意识进化模型认为赋能是在“一个滋养的医护—客户关系（A Nurturing Nurse-Client Relationship）”之中发

生的。该理论认为积极参与到自我赋能中是至关重要的，赋能不能被创造只能被协助（Facilitate），而护理者则是协助者，主要通过关系构建、倡导、知识/技能发展和能力构建为护理者提供支持，因此护理者和服务对象属于协助和被协助的关系。病患的赋能会产生涟漪效应（Ripple Effect），导致和身边的人和医护人员的关系发生转变。

Te Boveldt等（2014）的病患—医护互动赋能模型（图3.2）强调病患和医护人员的互动协作关系。该模型综合了病患的主动参与和医护人员的协助。资源和自我效能感成为该模型两个重要的因素。资源方面，医护人员通过教育、辅导与沟通为病患提供信息等资源，用户根据自身的需求主动询问获得这些资源，资源包含内部资源和外部资源。内部资源指的是患者的能力等因素，而外部资源指的是保护信息等。自我效能感方面，用户利用自身的资源和医护人员协作共享决策，用户通过参与决策对病痛进行主动应对获得自我效能感的提升。

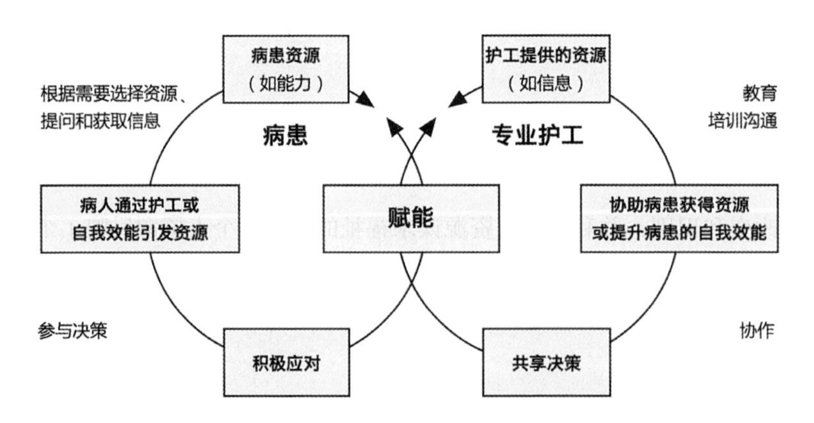

图3.2 健康赋能的病患—医护互动模型（来源：Te Boveldt et al.，2014）

（三）实务工作赋能的框架构建

从文献来看，实务工作的赋能包含以下几个要素：

一是赋能主体和赋能对象——社会工作和护理及健康领域的赋能是由社会工作者、医护人员等专业人员，向需要帮助的、存在健康问题和风险的人展开的。赋能的实践和传统的实践的差异在于两者之间是一种平等的关系。

二是协作和参与关系——在社会工作中，以赋能导向的话语方式重新定义了专业帮助者的角色，通过把“委托人—专家”的对立性称谓变成“参与者—协作者”来增强被动等待帮助一方的积极性和能动性。赋能的理念要求将被赋能者视为自己解决问题的能动者，将赋能者视为具有可用知识和技巧的协作者和解决问题的伙伴和合作者。健康护理领域同样认为护理者是协作者，主要通过关系构建、倡导、知识/技能发展和能力构建为护理者提供支持。赋能过程用户的主动参与是至关重要的，如在健康护理中参与健康决策和自我的健康管理。

三是外在资源与内在资源——资源是赋能文献中的常用术语。在社会工作中，以赋能为导向的实践又被称之为基于资源（Resource-based）的实践，是对基于问题（Problem-based）的社会工作思维的修正。Shearer（2009）认为赋能的过程就是个人资源与社会情境资源的结合过程，是一个有目的地参与个人自身和环境的改变和识别，并利用个人资源谋求福祉的过程。个人资源反映了个人的独特优势和潜能，如个人积累的知识和经验，而社会情境资源包含社会网络和社会服务的支持等。Te Boveldt 等（2014）的病患—医护互动赋能模型同样明确了病患自身的资源和护工提供的资源这两个要素。

本节将用户自身的资源称之为内部资源，将其他外在的资源称之为外部资源，与内部资源相对。用户在赋能行动中的参与就是要

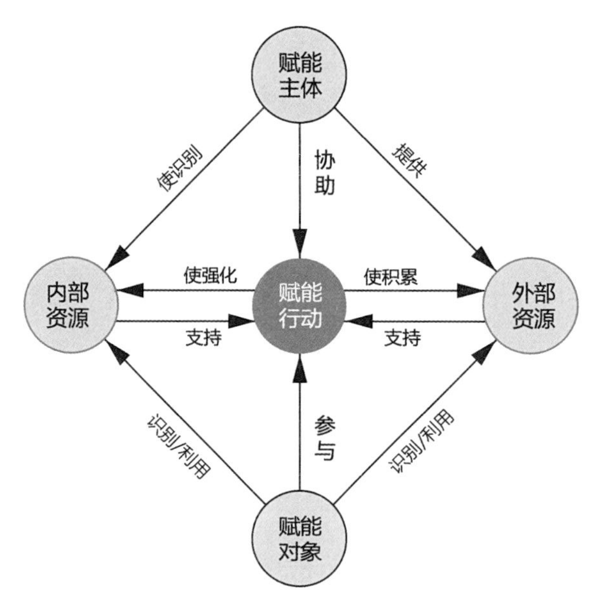

图3.3 基于资源的赋能框架

识别和利用内部资源和外部资源，在利用的过程中，资源也得到了积累和强化。这三组赋能的要素通过赋能行动展开，共同构成了基于资源的赋能框架（图3.3）。

3.3 设计赋能

实务工作赋能的框架建立有利于我们理解如何开展赋能的行动。设计作为一种实务工作，又是如何赋能的呢？在设计中，赋能的文献对应Empowerment、Enablement 和Affordance 3个不同的概念。Empowerment是本书赋能的核心概念，赋能的定义、心理评价和实务工作赋能都是建立在Empowerment之上。此外，马谨和钟芳将米兰理工大学曼奇尼教授《设计，在人人设计的时代——社会创新设计导论》一书中的Enabling Ecosystem翻译为“赋能生态系统”（曼奇尼，2016），意指每个主体能力发挥依赖的有支撑力的设计支持环境。通常情况下，Empower和Enable含义相近，因此本研究不对这两个概念做严格区分。甘为（2015）将吉布森（Gibson）的《视觉感知的生态心理学》中的Affordance翻译为“赋能”，意指能向行为体发出可感知的行为能力信息、引发特定行为的环境特征，与Empowerment有较大差异。Affordance起源于视知觉，经常被翻译为示能或示能性，为了以示区分，本研究将Affordance翻译为“示能”。本节将对设计赋能（Empowerment/Enablement）和设计示能（Affordance）的文献展开研究，以进一步建立设计赋能积极老龄化的理论框架。

对设计赋能的文献进行深入研究，发现研究主要涉及以下5个方面：一是参与式设计和协作设计。研究主要集中在如何支持用户参与设计决策，此时设计赋能的主要途径是设计用户参与设计的社会政治环境、流程方法和具体的工具；二是社会创新与协作服务。研究关注社会问题，对公众赋能旨在增强公众的社会责任感，改变传统的福利模式，模糊服务提供者和服务接受者的界限，通过协作、互助、交换等形式进行参与者之间的协作，共同解决问题和生产社会福利；三是商业性服务设计。这一类别区别于公共领域的协作服务，指的是商业领域的服务设计通过自助参与、提高服务可见性、提供选择等方式让用户在服务中获得控制感和成就感；四是使用即设计（Design In/By Use）。设计提供基础的功能模块或者参与的框架，用户可以在使用中根据自身的情境，结合自身的智慧、资源和经验来扩展产品的功能；五是人机交互设计。这一类别强调设计结果表现出来的属性帮助人们在人机交互的不确定性中获得有效反馈，以提高用户的操控感、胜任感等心理体验。

（一）参与式设计与协作设计

参与式设计最基本的立场在于“受设计影响的人应该在设计过程中获得发言权”。这场民主运动最初主要支持资源薄弱的利益相关者（通常是地方工会），呼吁工人应该具备参与和联合决策的权力（Ehn，2008）。因此，对用户赋能（或赋权）是参与式设计的出发点和核心（Howard et al.，2004）。除了作为一种政治上的诉求，Marc Steen从伦理学的视角对参与式设计进行解读，认为赋能应该作为参与式设计中设计师和研究者的美德之一，要求设计师和研究者以及其他人共享权力（Power）（Steen，2013）。Woodhouse和Nieusma（2004）将设计师的这种美德称之为民主专长，要求设计师在合作中发挥其技术性的支持和分析管理技能，支持参与者提供本地化的知识（Howard et al.，2004）。参与式设计的过程是知识的协作构建过程，赋能的过程则是不同参与者之间平等交换知识和个人专长的过程（Senbel & Church，2011）。

鉴于赋能与参与式设计的密切联系，Ladner教授在参与式设计的基础上提出了用户赋能设计（Design for User Empowerment）（Ladner，2016）。比参与式设计更进一步的是，他倡导在设计项目的最早期就把用户引入进去。在他看来，用户赋能设计可以理解为一种最高形式的参与式设计。

Zamenopoulos等人（2019）的研究引入四种权力关系和形式（Power Over、Power To、Power With和Power Within），分析了协作设计中的四种赋能类型以及相应的赋能障碍和来源。研究人员通过协作设计的实例说明提供设计专家和用户可共享的材料和过程（比如支持用户挖掘自身资源的参与式设计活动）是如何增进赋能的。参与式设计和协作设计的很多研究都关注提供这些边界的对象和设计流程。

在商业设计中，很多大规模的顾客定制开放一定程度的产品属性使得用户可以根据自己的喜好在一定程度上“设计”自己的产品，如Nike、Mini提供了在线的网站，用户可以对鞋子和车的色彩搭配进行定制，而支持室内设计的HomebyMe通过模块化、简易性的操作，使得没有专业设计背景的用户也可以参与设计自己的家（Arrighi & Mougenot，2019）。

城市规划、社区营造（纪律和巩淼森，2019）等公共领域的设计同样关注参与式设计中的用户赋能。为了增强用户参与，雪城大学的交互设计与可视化实验室（IDVL）联合MoST科学技术博物馆开发了一套可在建筑和城市规划设计中运用的混合现实可视化和能量分析平台。利用交互可视化的模拟手段让用户和其他利益相关者在互动中感知设计提案的实施效果，帮助参与者从第一人称视角提供反馈。通过新的交互与可视化技术，非设计师可以手动更改建筑材料和建筑能耗以改变设计结果（Krietemeyer，2017）。Senbel和Church（2011）认为可视化媒体是居民参与社区规划设计的赋能催化剂和促进者。在参与式设计中，新兴的技术手段一方面降低了非设计专家参与设计过程的门槛，另一方面也增强了用户参与的体验，该项目最终产出了一系列反映公众愿望的设计提案。低技术的故事创作同样可以作为赋能和提高用户参与的重要方式。在Mattheiss和Tscheligi汇报的项目中，社区居民和设计师共同进行参与式视频故事创作，公众是内容的提供者，同时也是视频中的主角。视频故事作为对话和表达的工具，赋能于社区，提供给社区居民参与意义创造的途径，促进了居民的社会参与和设计参与。

（二）社会创新与协作型服务

社会创新和服务设计是讨论设计赋能的一个重要语境。社会创新设计的理论家曼奇尼将社会创新设计定义为“为实现社会认可的目标，旨在支持或赋能（Enable）基于现有资源重组的社会变革过程的一系列设计活动”。曼奇尼在社会创新设计导论——《设计，在人人设计的时代——社会创新设计导论》一书中提出了赋能生态系统（Enabling Ecosystem）这一概念（曼奇尼，2016），即每个主体的能力依赖一个有支撑力的环境，包含可以给各种相互独立又有一定联系的项目提供支持的基础设施（Infrastructure）。曼奇尼的赋能生态系统是在对现代化进程下消费主义催生的福利模式的批判中提出来的，他对购买福利和政府提供福利的福利模式表示不满，提出设计应该创造支持性的环境让用户为自身提供福利。赋能生态系统的基本假设是那些一直以来被视为“有问题的人（People With Problems）”其实可以被看作为“有能力的人（People With Capacities）”，与其将人视为带着各种需求等待被满足的对象，不如将他们视为积极的主体（Active Subjects）。赋能关注人自身的改变，让人们能够自己畅想和实现有价值的生活和行动方式。在曼奇尼看来每个主体的能力取决于赋能生态系统的特质和自身的资源，这一观点关注到用户的内部资源和赋能生态系统的外部资源。

曼奇尼认为设计专家的角色不再是开发最终的产品和服务，而是通过设计来拓展人们的能力，专业设计的首要任务是改善和提高人人皆有的能力（曼奇尼，2016），探索协作的模式，为协作服务的开展提供具体的协作支持，比如提供网络平台（Barab et al.，2002）。这意味着设计专家不再通过设计方案去满足大众，而应该为那些利益相关者创造更好的条件（曼奇尼，2016）。

奇波拉（Cipolla）继承了曼奇尼的社会创新理论，并发展出自己独具特色的关系型服务（Relational Service）理论。她结合对社会创新设计和服务设计的关注，认为设计的目的是赋能不同参与者之间的交互以促进社会改变（Cipolla et al.，2018）。根据赋能的机制差异，她对服务设计与社会创新的案例进行分析，将关系型服务设计中的设计赋能归纳为4个类别，如表3.3所示，包含人工物赋能、态度赋能、过程赋能和述事赋能。在赋能方式上，分别对应介导（Mediate）、协助（Facilitate）、促进（Foster）和激发（Stimulate）四种赋能方式。她认为这些赋能方式有助于用户和受众之间关系的达成，从而在不同层面推动社会文化与政治改变。

在社会创新的语境下，赋能被认为是福祉的来源和结果（BEPA，2010）。赋能强化公众推动社会变革的责任，它是一个责任化的过程（Fougère et al.，2017）。责任化表现在两个方面：一是

表3.3　关系型服务设计中的四种设计赋能手段（来源：翻译自Cipolla et al.，2018）

赋能类型	赋能方式与目的	设计领域或设计方法
人工物赋能 Artifactual Enabler	介导（Mediate）人际间关系的协作	产品设计
态度赋能 Attitudinal Enabler	协助（Facilitate）个人态度和感受的表达	开放设计和设计行动主义
过程赋能 Processual Enabler	通过一系列的步骤促进（Foster）人际关系的达成	服务设计
述事赋能 Narrative Enabler	通过个人对事件的解释或虚构述事激发（Stimulate）人际关系	传达设计与故事讲述

将责任从国家转移到了公民，将社会福利的责任从公共服务向个人或民间社会团体的责任转移或部分转移；二是面对气候变化、公共卫生等不同社会挑战的规范性行为改变，从而转向更负责任的个人做法等。使用用户参与到设计之中，赋能用户是对商业社会中福利生产和被生产关系的挑战，认为生产和被生产的福利生产关系是导致社会不可持续的原因。在一些新型的创造型社区，人们通过自己的方式塑造可持续的生活方式。研究者认为这种“集体赋能（Collective Empowerment）”有助于建立一个新型的“福利（Welfare）”社会（François et al.，2008）。

协作服务是推动社会创新的重要服务形式。区别于产品设计，服务设计一个重要的特征是服务的不可分性——如果服务接受者不参与，服务就不会发生（Sangiorgi，2011）。服务接受者的参与可以在很大程度影响服务的品质，这就意味着服务接受者在生产一个服务的过程中有更大的能动性。赋能的视角鼓励服务接受者在服务生产过程中的协作参与，这种服务形式被称之为协作服务。曼奇尼将协作服务定义为：由于服务提供者与服务接受者界限的消融，服务参与者转变为共同协作设计和生产的社群，更加积极主动地参与服务系统创新和服务管理的一种服务现象（François et al.，2008）。协作服务通过给原来被界定为服务接受者的参与者赋能，使其具备开展服务的外在条件和内在能力，鼓励参与者主动发挥能动性，通过分享、互助、交换等形式进行参与者之间的协作，共同解决问题（王俊翔和巩淼森，2016），共同生产服务价值。英国Nesta（2012）在*People Powered Health Co-production Catalogue*手册中展示和分析了20个用户参与协作生产的健康服务。曼奇尼在《设计，在人人设计的时代——社会创新设计导论》一书中分享了名为“关爱圈”的案例，关爱圈建构了一个互相帮助、互相照料的同伴圈，不同能力的老年人不仅可以享受职业看护者提供的服务，同时也可以作为服务提供者为更高龄的老年人提供所需的产品。

（三）商业性服务设计

在商业性的服务设计中，赋能是服务品质的重要考量因素。在服务设计和服务管理领域，对用户的赋能通常使用客户赋能（Customer Empow-erment）这一术语，它指的是“使消费者能够根据他们在市场中的需求和向往（Needs, Wants, Demands）做出自己选择的行为和心理状态”（Pires et al.，2006）。服务管理的一些文献研究总结了在服务中提高赋能感的策略和方法。自助式服务（比如ATM自助取款服务）可以激励一部分追求额外的工作和自主权的用户（Dong et al.，2014），用户可以在自助服务中获得较大程度的控制感从而被赋能。通过建立网络论坛等方式，可以使客户之间形成互相支持、相互提问、共同解决问题的圈子，这也是服务赋能的方式之一。以游戏社区为例，一些玩家自愿担任管理者，提供社区管理和比赛，准备奖品和特别活动，以此获得成就感。

提升服务的可见性也是一个重要的赋能策略。相对于产品设计，服务的提供通常是无形的过程，容易隐藏，对用户不可见，从而使用户失去控制感。研究列举了很多提高服务可见度的方式，比如在服务场所里采用玻璃墙分隔工作人员的工作空间和客户空间，客户就可以看到后台正在进行的服务，又比如提供信息服务的公司为用户提供一个带闪光灯的电脑，让用户可以时刻感知到信息正在高效传输。这些设计可以将服务后台的流程展示给客户，帮助客户知晓他们所支付的费用是怎么发生的，并且使他们更加积极地参与其中（Beltagui et al.，2016）。

在智能产品服务系统设计中，对用户（客户）赋能也是其中的一个重要考量。研究者总结了两种赋能的实现方式，一是传达反馈信息（包含将数据转化为可以理解的信息、传达服务的状态、在购买服务前提供产品和服务的特征信息等具体的手段），比如洗衣房的洗衣机提示洗衣的进度和状态信息，在亚马逊上购买图书提供提前试看的服务都是赋能的体现；二是通过提供多个选择让用户具有选择内容的自由权（Valencia，2015）。

在服务工程领域，研究者注意到需要平衡赋能所带来的控制感和用户需要投入的额外努力（Brennan & Ritters，2003）。研究指出，赋能在提供自主性和控制感的同时也会增加自省和判断的负荷，有些客户可能会由于过多的负荷而放弃这种权力（Prentice et al.，2016）。研究者因此提出了服务赋能和服务适应（Accommodation）两种服务设计的响应方式（Beltagui et al.，2016），前者让用户具有更大的知情权和参与权，后者则旨在提供更大程度的便利。

（四）使用即设计（Design In/By Use）

使用即设计包含在“使用中设计（Design In Use）”和“通过使用设计（Design By Use）”两个不同的术语。“在使用中设计（Design-in-use）”，指的是设计支持用户根据个人需求使用现有的设计并超越已有设计功能预期来实践的方式（Nelson，2009）。“通过使用设计（Design By Use）”同样也是支持用户在特定情境下通过或小或大的干预自发改变环境解决特定问题（Brandes，2009）。与之相关的概念还有“无意图设计（Non-intentional Design）”，强调设计并不强加设计师的意图给用户，而是给用户自由的裁决权。“无意图设计”是对设计权威性的挑战，提倡使用中的自主性。这些设计理念虽然措辞不一，但都关注设计的产物最终为用户所使用时是否可以增强用户的参与和意志的表达。

这种设计理念颠倒了从想法到物品（From Idea To Object）的设计秩序，认为用户的使用行为具有扩展和重新定义设计概念（Idea）的潜能，赋予了用户在使用中或通过使用产生新的功能和意义的能动性。Brandes认为人们普遍具备使理念实体化的能力，设计师的任务就是通过一个客观的“型相”激发用户的创造力，在使用中塑造用户的能动性。

这与查尔斯·詹克斯（Charles Jencks）和内森·西尔弗（Nathan Silver）所提出的“Adhocism（特定主义）”是一脉相承的，它鼓励日常生活中利用物进行即兴创作，创造新的功能可能性，比如把字典作为门挡（Jencks & Silver，2013）。这些设计鼓励用户摆脱产品原初的功能设置，在特定情境下根据自己的需求创造性地使用物。在这里，用户得以摆脱规定和被规定的关系，物成为用户手中的开放资源，结合物所提供的基础功能和用户自身的智慧，能动地与物品产生交互，共同解决问题，人在与设计对象的相互磋商中获得控制感。

（五）人机交互设计

交互设计的文献将赋能作为影响用户体验的重要产品属性。Nielsen（2003）认为赋能影响着人机交互过程中用户的愉悦感。Trendafilov（2015）将赋能作为评价可用性和人机交互设计的优化标准。研究者注意到现代计算设备的感知能力的增强开启了嵌入式交互和自然式交互的新机会，然而也带来了信息反馈的不确定性。研究者认为产品可以提示人们使用、解释和行动的可能性，提升人们在人机交互过程中的控制感。在人机交互中，人的行为是对感知的控制（Powers，1973）。控制的质量依赖于系统给予的反馈，控制感越强，赋能感也就越强（Trendafilov，2015）。

以赋能作为设计的目标，研究者提出了以赋能驱动的需求工程方法［The Empowerment-driven（UX）Requirements Engineering Method］，将影响赋能的因素分为行为和能力两个方面。行为包含做决定、自我管理、沟通和融入等要素，而能力包含自我效能、知识和技能、个人控制以及动机等要素。设计的过程鼓励设计师挖掘以赋能为导向的用户体验需求，并将这些需求对应到这些具体的行为和能力要素上，接下来针对具体的产品对用户体验需求的实现通过5点式量表打分，打分较低的要素就构成了设计改进的目标（Vitiello & Sebillo，2018）。

研究还展示了一些赋能的交互设计实践项目与案例，如医疗健康领域的交互类电子产品和在线系统支持用户主动参与健康管理，支持用户的行动磋商（Mamykin et al., 2010; 2008; Mamykina & Mynatt，2007）。爱尔兰利莫瑞克大学交互设计中心针对糖尿病人的自我健康监测设计了一个在线应用，该应用不限制用户输入特定类别的事件，可以是食物摄取，也可以是体育运动、超市购物等。用户通过创建独特的数据标签来实现自下而上的个性化自我监控实践，以适应自身对糖尿病的认识和监控需求。该应用还支持用户以自己的方式为自我护理行为的效果提供个性化证据。这样就增强了用户探索有意义的日常活动与健康效果之间的相关性和模式，从而提高意义感和控制感。此时，这些数据也成为病患与医生之间的一个边界对象（Boundary Object），提高与医务人员对话的质量和对疾病的控制。在此基础上，研究者总结出设计赋能的两条关键原则：一是鼓励患者积极地参与健康术语表达的开放式谈判，正是这些术语可以用来描述、理解和讨论他们自身的病情；二是应该鼓励用户根据自己的情况对技术进行改造，从而获得技术的所有权，而设计和政策应通过提供表达这些关切的渠道使个人可以安全地探索和反思与健康相关的议题，从而使用户获得赋能感（Storni，2014）。

另外一个研究描述了设计师和音乐家合作的“Musicking Tangibles”音乐疗法项目。该项目以“改善活力、自尊、社会关系和增强社会参与”为目的，相对于传统的音乐疗法，研究者提出了一个以赋能和资源为导向的协同创造音乐的疗法，通过内嵌多种传感器的场景设计，用户可以参与其中，并与其他参与者互动创造音乐和画面。这个设计使参与者获得一种“平等的音乐体验和音乐胜任感”，同时激发了积极的社会互动。通过对项目的反思，研究者提出了该项目得以赋能参与者并改善健康的几个方面，其中包含（1）提供了多种可扮演的角色、多种可与之互动和自我表达的方式；（2）提供了多种可与人、物品、体验、活动和场所建立的联系（Cappelen & Andersson，2012）。

此外，麻省理工大学Dobson博士设计了一个榨汁机。和传统的榨汁机的操控方式不同的是，该榨汁机是通过人的声音来调节工作方式。用户可以通过变换声音的属性（频率与响度等）来控制榨汁机的启动和转速，最终达成由人所主导的人机共振。这一设计创造了新的人机互动方式，强化了用户的操纵感（Dobson，2007）。

在以上的设计研究中，赋能是一个重要的用户体验维度，从用户的视角关注用户的参与、自主性、控制感、意义感、知情权，从设计的视角关注产品的示能性、反馈的透明度、提供的选择、开放性、灵活度、连接性等。

（六）设计赋能的初步框架

上文阐释的5个设计领域的赋能研究呈现了设计通过不同的方式向用户赋能，包含支持用户参与设计的工具和设施、服务的触点和框架、基础功能模块和体现在界面或操作方式上的反馈机制等，从整体上可以根据设计师是否直接在场总结为通过设计过程和设计结果为用户赋能。在参与式设计中，设计师主要提供设计的工具，由用户来设计具体的解决方案；“Design By/In Use（使用即设计）”则是在设计师不在场的情况下提供设计的基础功能和形态，用户可以在使用中和产品磋商改变产品用途，形成与自身需求相适应的设计解决方案；而同样在以赋能为导向的人机交互设计中，设计已然完成，用户无法改变设计系统，但是，这些设计系统可以通过提供反馈等方式支持用户和系统的有效对话和交互，从中使用户获得控制感，对用户赋能。

设计过程赋能和设计结果赋能形成了两种不同的设计赋能方式。相较于结果的赋能，对设计过程的用户赋能的关注较多。在参与式设计中，设计通过向用户提供鼓励设计参与的物质或非物质的辅助工具和社会环境，使不具备专业设计技能的用户可以贡献基于自身的情境性的知识和创造力，参与设计决策，从而为用户赋能。在社会创新中，通过协作服务，设计专家激励用户参与价值共创，同样属于设计过程的赋能。设计过程的用户参与和赋能可以在一定程度上保证设计结果更容易被用户接受，从而更大可能引发用户的参与兴趣和动机。但过程的赋能并不一定可以保证设计的产出，持续激励用户的参与。已有有关参与式设计的文献指出，参与式设计面临的可持续问题，倡导参与式设计“不仅要关注项目的过程，还需要关注项目结束之后会发生什么”，关注“参与式设计的结果何以超越单个的（设计）流程而变得可持续”（Iversen & Dindler，2014）。社会创新的一大挑战也是设计师或设计工具撤离现场后如何保证公众持续的参与，这就需要考虑设计的结果对用户参与的影响。

设计与其他实务工作赋能不同的是，在通常的设计流程中，设计师并不直接与用户协同工作，而是通过创造一个设计产出（有形的产品或无形的服务）支持人们的行动（Barab et al.，2002）。设计师是通过设计结果介导用户的行为，从而为用户赋能，设计结果赋能体现了设计赋能的独特性。然而研究者将设计结果作为一种赋能介导物的研究还不够充分，已有的研究大多集中在对某一实践的汇报和初步总结，设计结果赋能用户的具体方式和特征研究较少，也没有形成较系统的知识框架和设计方法。因此，本研究将着重关注设计结果赋能。

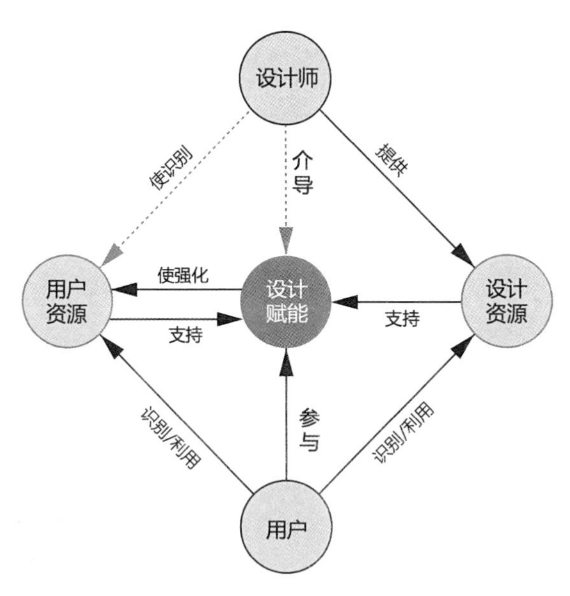

图3.4　设计赋能的初步框架

图3.4在实务工作赋能框架的基础上建构了设计结果赋能的初步框架。其中将外部资源转成了设计资源，在设计场景下，设计师为用户提供的设计产出（产品或服务）是设计资源的具体表现；而赋能行动在设计场景下表现为用户通过与设计的产出进行交互（使用或享受产品和服务）达到赋能的目的。此时，设计师不直接亲临现场，而是以产品或服务等设计产出来介导用户的赋能行动，使用户在设计使用中被赋能。至此，对设计赋能（Empowerment/Enablement）的理论研究就完成了从一般性的赋能框架到设计赋能框架的转化。

3.4　设计示能（Affordance）

具体而言，设计结果如何支持用户使用，从而对用户赋能呢？Affordance关注人、物之间的相互关系，可为进一步发展设计结果何以赋能用户提供理论依据。

（一）设计示能理论概述

Affordance有时也被翻译为赋能，又可翻译为功能可供性、示能性、自解释性和赋能性等，指的是环境和物品的价值和功能可被感知的特性，强调功能的视觉隐喻性。Affordance最早关注有机体（人）与环境（产品）之间的交互属性，自被诺曼（Norman）引入到设计领域（尤其是人机交互领域）后，成为极有生命力的设计理论，得到了研究者的青睐和拓展。在此后的发展中，Affordance的理论逐渐从人与产品的关系（包含感知示能和技术示能的概念）拓展到以产品为介导的人与人的关系（包含社交示能和协作示能的概念）。

Affordance最早由知觉心理学家吉布森在《视觉感知的生态学方法》（*The Ecological Approach to Visual Perception*）一书中正式提出（Gibson，1979），指的是环境或物品引发有机体某种行为的隐喻性，由Afford（提供）变形而来。吉布森借助生态学中的环境生态位（Niche）这一概念来说明示能。环境中的生态位包含一系列适合某一动物的环境性特征，这些特征具有“适合”某种行为的隐喻性。吉布森把这种隐喻扩展到人工制品和物上，意指人工物上那些可以引发人的行动的特征，包括表面特性、尺寸、表面肌理、色彩、是否具有把手等。一个功能的示能是由不同特征参数的恒定组合构成的，这些形式是作为一个整体被感知的，比如一把刀，由于它薄薄的刀口和坚硬的材料等特征集合起来而被感知出具备切削的功能，暗示出“削”这一种行为。示能源于知觉的感知，这一概念源自格式塔心理学的“邀请特征（Invitation Character）”，指的是推动观察者走近或远离物体的箭头指引。吉布森认为示能是独立于人的感官和需求而存在的，他是一种恒定的不随需求而改变的性质，只是在某些时候示能由于信息的误导而不被感知。

表3.4梳理了示能理论的主要概念，整理了不同概念的理论拓展。下文也将详细介绍示能的不同理论概念。

表3.4　示能理论研究的主要概念和理论拓展

概念	代表人物	主要理论主张	拓展
示能 Affordance	Gibson（1979）	示能指的是行动有机体的行动能力和作用的环境（物）物理属性之间的互补性关系提示出的行动可能性	• 侧重有机体（动物或人）的行动能力和其视觉感知到的与环境（物）的物理属性之间的匹配 • 侧重单一行动
感知示能 Perceived Affordance	Norman （1988，1999，2004）	物理示能不需要习得，但是文化（Cultural）和逻辑（Logical）的限制可以增加示能的感知	• 将有机体与环境的关系拓展到人—机（界面）或设计人工物的关系 • 指出示能的可感知性对于设计师尤为重要 • 将物理属性拓展到文化属性，包含人的目标、计划和价值等
技术示能 Technology Affordance	Gaver （1991）	根据是否具有功能和是否提供了可感知的信息，将示能明确区分为可感知的示能、隐藏的示能、错误的示能和正确的拒绝；人机交互设计中，提供可感知的示能是提升设计易用性的重要手段	• 将物理属性拓展到社会文化属性，包含文化、社会情境、个人经验和注意等 • 将视觉感知拓展到多感官感知 • 将单一行动拓展到复杂行动
操作示能 Instrumental Affordance	Kaptelinin & Nardi （2012）	人可以通过操纵技术直接与之交互，并间接对环境中的对象产生影响，其中人与技术产生交互可以称之为操作示能，而技术与环境中的物体交互称之为效应示能	• 将示能处理的动物和环境的关系及人和技术（系统）的关系拓展到人—工具—环境之间的关系，提出了“介导”的视角
社交示能 Social Affordance	Bradner et al.（1999，2001）；Kreijns & Kirschner（2001）；甘为（2015）	社交示能指的是对象的属性与群体的社会特征的匹配关系提示出的使该群体成员之间进行特定类型的互动的社交可能性	• 将“行动”从功能性任务的达成行动（如坐、握）拓展到社交意图和社会目标达成的行动（如社交沟通行动）上
协作示能 Collaborative Affordance	Woo *et al.*（2011）；Bardram & Houben（2018）	协作示能指的是为人类行动者提供在特定社会环境下执行协作行动机会的（物理或数字）人工制品与行动者的关系	• 将社交沟通（Communicative Practice）这一行动拓展到更具体的协作行动上

（二）感知示能和技术示能：人—物（环境）互动的交互属性

Affordance暗示出行动体（Acting-）和作用环境（Acted-upon）之间的互补性，它是使得有机体通过某种方式采取行动并与之交互的特征（Gaver，1991）。由于示能解释了物品与感知者之间的关系属性和交互性特征，许多设计学者开始关注到这一概念。在《日用品心理学》（*The Psychology of Everyday Things*）一书中，诺曼最早将示能这一概念引入设计领域。此后，示能逐渐成为人机交互设计、产品设计领域、用户体验领域极具解释性和应用性的概念（Norman，1988）。设计实际所提供的功能和可被感知的功能并不总是一致的。诺曼区分了实际示能（Real Affordance）或物理示能（Physical Affordance）与感知示能（Perceived Affordance）的概念。在诺曼看来，设计师更关心可以被感知的行为和功能，而非真实提供的可能性，增加视觉反馈不能增加实际功能，但是可以增加功能的可感知性（Norman，1999）。Gaver（1991）的技术供能性（Technology Affordance）更进一步发展了感知示能，根据是否具有示能性和是否提供了可感知的信息，将示能做了明确区分，分为可感知的示能（Perceptible Affordance）、隐藏的示能（Hidden Affordance）、错误的示能（False Affordance）和正确的拒绝（Correct Rejection）。

尽管Affordance是客观存在的，不受文化、习俗和需求的影响，但是Affordance的感知却受到文化、社会情境、个人经验和注意等的影响。诺曼区分了示能与习俗（Convention）的区别，习俗是一个文化群体所共享的约定或惯例，是一种文化限制，它可以对某些活动提供（Afford）鼓励或者禁止其举行等事项，是可习得的文化性传达，而物理示能不需要习得，动物和婴儿时期的人就具备感知示能的能力。文化（Cultural）和逻辑（Logical）的限制可以增加对功能的感知。

Gaver认为在人机交互设计中，提供可感知的示能是提升设计易用性的重要手段。另外Gaver还指出复杂的行为可以通过一系列的示能来指示，并提出了相继示能（Sequential Affordance）和嵌套示能（Nested Affordance）的概念。相继示能指的是对可感知的示能进行操作，相继引发新的示能的情形。而嵌套示能则是空间上的示能组合，嵌套示能一方面自身可以独立地提示一个目的，而这个目的也是另外一个示能的手段。Gaver认为好的设计会通过精心设计的相继示能和嵌套示能来引导注意力，这样用户对设计的学习成本就只在于注意成本而非推论成本。另外Gaver还把Affordance从视觉感官的范畴拓展到触觉、听觉等其他感官，认为可以利用多种媒介形式来增强示能的可感知性。当设计难以提供充分的视觉信息时，可以探索其他可以传达示能的方式。总的来说，Gaver的研究进一步明确了示能对技术设计可用性的影响，强调技术设计不应该单纯考虑用户或者技术，而应该关注两者的交互（Gaver，1991）。此外，Gaver将示能在感知的方式上从视觉感知拓展到其他包含声音等在内的多感官，并且把简单的行动拓展到相对复杂的行动上。

（三）工具示能：人—工具—环境的介导关系

顺着Gaver的思路，Baerentsen和Trettvik（2002）同样认为吉布森的Affordance的概念仅限于行为者与环境之间的低级互动。借用活动理论（Activity Theory），Baerentsen 和Trettvik将Affordance中的“行动（Action）”拓展到更加复杂的“活动（Activities）”上。这一研究也认为仅仅关注动物和环境的低级互动是不够的，他们将Affordance从吉布森的动物和环境的关系和Gaver的人和技术（系统）的关系，拓展到人—工具—环境之间的关系（图3.5），提出了Affordance的介导性行动（Mediated Action）视角。Kaptelinin和Nardi将技术作为一种中介手段，是人与环境中的对象进行交互的工具。人可以通过操纵技术直接与之交互，并间接对环境中的对象产生影响。其中人与技术之间的交互属性可以称之为操作示能，而技术与环境中的物体之间的交互属性称之为效应示能。Kaptelinin和Nardi研究虽然还是在人机交互的场景下进行讨论，其介导性的视角却可

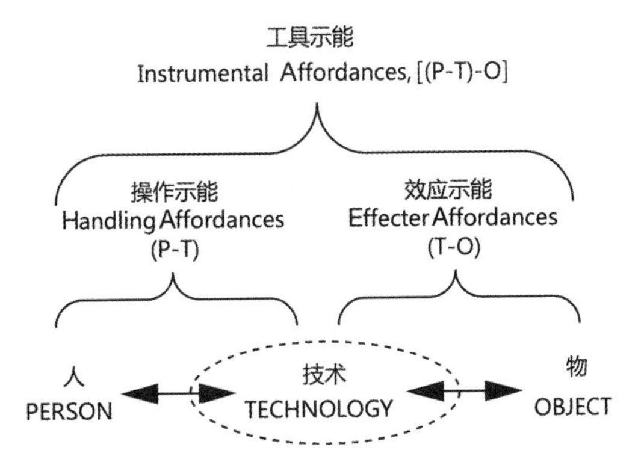

图3.5 技术作为介导的工具示能（来源：Kaptelinin & Nardi，2012）

以为Affordance扩展新的视角。如果将环境中“对象（Object）”扩展到“人”上，技术（物）的属性就可以为人际间的互动提供可能性。

（四）社交示能与协作示能：人—人互动的交互属性

早在1999年就有研究关注到示能的社会特征，尤其是那些能引起社会交互的特征，并提出了社会（或社交）示能（Social Affordance）这一概念，以描述对象的属性与群体的社会特征相匹配，从而使该群体的成员之间进行特定类型互动的关系（Bradner et al.，1999；2001）。文化中的社会规则具有调节人的行为的作用。这些规则就是社会示能。Bradner等人以一个繁忙走廊中的玻璃门为例解释了社会示能。玻璃门可以打开，这和普通的门一样具有物理示能。与此同时，它还可以使行动者能够感知站在门两边的人，以建立关于谁先进入而又不妨碍其他人的共享认识和责任感。Bradner等人指出，由于文化中的社会规则随着时间的推移而发展，因此社会示能是动态变化的，群体可以根据实践或目的来对其进行适应。Kreijns和Kirschner（2001）同样关注示能的社交属性，

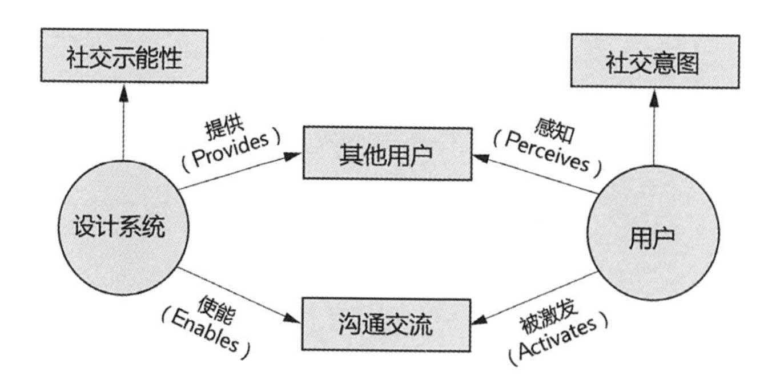

图3.6 系统—用户互惠关系和感知—行动耦合模型（图片来源：笔者根据Kreijns & Kirschner，2001翻译）

他们将社会示能定义为“与学习者的社会交互有关的具备社会情境辅助（Social- contextual Facilitator）作用”的协作环境特征。社交示能将示能的“行动”从功能性任务的达成拓展到社交意图和社会目标的实现上。这一研究原本是在计算机支持协作工作（Computer Supported Cooperative Work：CSCW）的研究情境下开展的，研究提出了在此情景下的学习小组成员和计算机支持系统的互惠关系和感知—行动耦合模型（图3.6），指出社交示能包含两种关系，一是小组成员与计算机支持系统的互惠关系；二是感知和行动的耦合关系。而感知和行动是小组成员的社交意图和计算机支持系统的社会示能的共同结果。国内学者甘为（2015）将这一模型适应到设计的一般性场景，并将此作为汽车社交设计的理论基础。

社交示能将示能从一般的物理属性拓展到对社会属性的关注，将一般的功能性满足的行动（比如开、关门）拓展到社会行动上。此后的研究进一步将社交行为拓展到其他社会行为。Bardram和Houben（2018）提出了协作示能（Collaborative Affordance）的概念。协作示能指的是“为人类行动者提供在特定社会环境下执行协作行动机会的（物理或数字）人工制品与行动者的关系”。研究者列举外科诊室的白板因其高度可见性、公共性和易注释性如何提供医生间的协作行动来说明协作示能的概念。研究者认为人工制品的协作示能对于激发协作行动具有中介性的特点。协作示能是在社交示能的基础上发展而来的，它关注引发的社交行为是否可以更进一步引发小组内的协作（Woo et al.，2011）。Bardram和Houben（2018）进一步对协作示能在跨部门协作使用的电子和纸质病例的设计情形下提出了协作示能的4个特征：便携性、同步可达、共享概览和相互意识。对设计对象的特征探讨对笔者的研究深有启发，为了引发用户的行动，需要研究设计的具体特征。

（五）设计示能的理论总结

Affordance强调设计上那些可以引发人的行动的特征。Affordance的理论揭示了设计和用户之间的交互性关系。在设计情境下，Affordance产生作用的过程可以总结为通过赋予设计产出（人工物、系统或服务）特定的特征，该特征所提示出的与用户的行动能力和行为意图（人的需求）相匹配的关系，从而向用户发出行动邀请信号，激发用户发出行动（行为或活动）（图3.7）。

示能的理论打破了主客两分法的哲学传统，一般认为人具有能动性，是行动的主体。从Affordance的理论来看，物同样具有能动性，可以对人的行为发出邀请（Baerentsen & Trettvik，2002）。在老龄化设计中，设计和用户之间常常存在不平等的关系：一方面设计

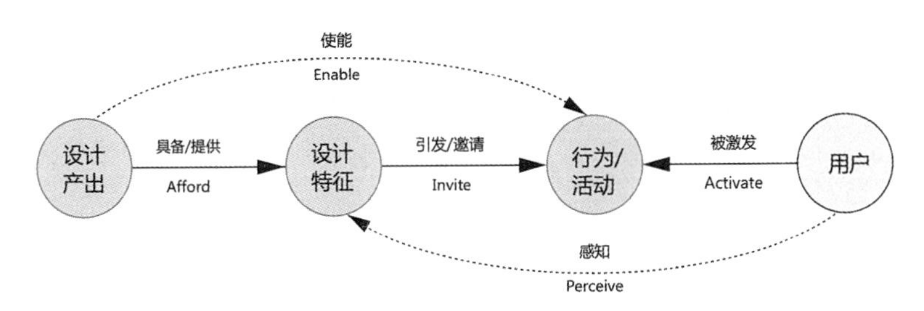

图3.7　Affordance在设计情境下的作用机制（来源：笔者自绘）

无条件响应用户的需求，用户完全优越于设计；另一方面一种极端是设计完全优越于用户，出现了大量不友好需要强制用户去适应的设计。研究者倡导需要在用户和设计之间建立一种“可供磋商的（Negotiable）”的关系。Affordance的理论从哲学上响应了这一倡导。从这一点看，Affordance理论的引入可以打破用户与设计权力失衡的窘境，用户和设计同为主体，协作完成特定的活动，解决特定的问题。这一用户与设计之间的关系思考与赋能所强调的平等的客户—实务工作者关系是相互契合的，同时也引发研究者关注塑造设计的品质以促进用户的参与。

3.5 设计赋能积极老龄化的理论框架

回顾本章的理论建构过程，实务工作赋能的文献研究初步建立了实务工作赋能的框架，该框架将用户视作具有独特优势和潜能（内部资源）的能动者，将实务工作者视作可以提供外部资源的协作者，赋能的行动就是帮助用户识别自身的资源，并学会动员外部的资源能动地解决问题，以获得对与自身相关事物的掌控。通过设计赋能的文献研究，把一般的实务工作赋能框架适应到设计情境下，提出了设计赋能的框架（图3.4），其中外部资源在设计情境下特指设计结果。

将示能（Affordance）的理论引入到设计赋能中可以进一步将设计产出如何引发用户的积极参与的过程具体化，即设计产出是通过特定的设计特征对用户发出行动的邀请，引发用户参与性的行为和活动。主动积极的参与正是积极老龄化的政策框架和理论所倡导的。为了实现积极老龄化，设计师可以通过设计产出作为外部资源提供的不同赋能方式，通过设计具体的赋能特征以邀请用户的积极参与，通过参与用户活动使自身的资源发挥价值，将老年人视作资源并使其发挥价值也是积极老龄化所倡导的。图3.8展示了设计赋

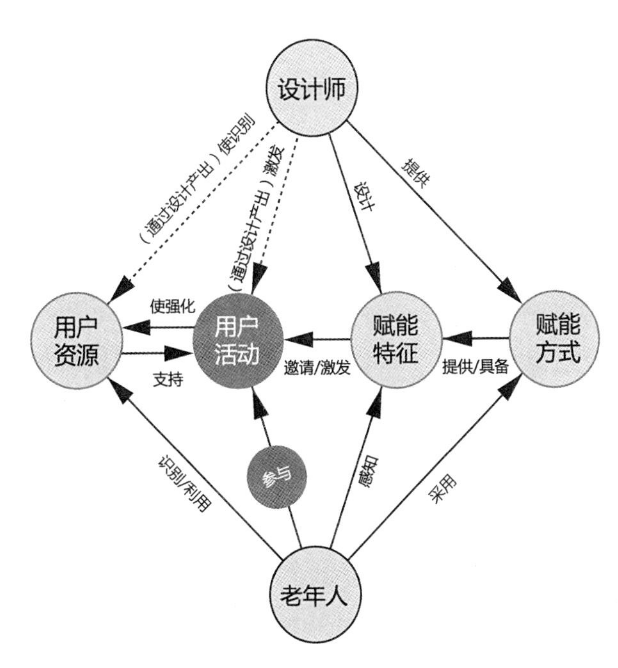

图3.8　设计赋能积极老龄化的理论框架

能积极老龄化的框架。该框架是在设计结果赋能的初步框架基础上整合了示能在设计情境下的作用机制（图3.7）形成的。

3.6　小结

本章基于文献研究对设计赋能积极老龄化的理论框架进行建构。通过对赋能、设计赋能（Empowerment/Enablement）和设计示能（Affordance）的文献研究，本章逐步建立了设计赋能积极老龄化的理论框架。该框架关注设计结果如何激发用户的参与式活动，将用户视作内部资源、将设计视作外部资源。该框架中包含用户资源、赋能方式和赋能特征3个核心要素，前者需要设计师改变对老年人的观念，关注到用户作为资源而非问题的具体表现。后两者需要设计师重新认识设计作为赋能手段的角色，以及设计得以赋能老年人的品质。这3个要素将在接下来三章中进行详细阐述。

参考文献

[1] 程萍．社会工作介入农村精准扶贫：阿马蒂亚·森的赋权增能视角[J]．社会工作，2016，（5）：15–23.

[2] 甘为，胡飞．城市现有公共交通适老化服务设计研究[J]．南京艺术学院学报（美术与设计版），2017，（1）：199–201.

[3] 甘为．基于社会化媒体的共生交互及汽车社交设计[D]．长沙：湖南大学，2015.

[4] 纪律，巩淼森．社会创新视角下社区营造的设计策略[J]．包装工程，2019，40（6）：282–286+293.

[5] 罗伯特·亚当斯．赋权、参与和社会工作[M]．汪冬冬，译．上海：华东理工大学出版社，2013.

[6] 曼奇尼，设计，在人人设计的时代——社会创新设计导论[M]．钟芳，马谨，译．北京：电子工业出版社，2016.

[7] 孟庆艳．符号消费的意识形态批判[J]．马克思主义与现实，2010，（2）：46–49.

[8] 孙一勤，姜安丽．慢性病健康赋能理论研究[J]．中华医院管理杂志，2017，33（9）：700–703.

[9] 王俊翔，巩淼森．服务设计视角下的商业空间城市农业[J]．设计，2016，（8）：124–126.

[10] 张双燕，王艳波，韩改英．赋能教育对妊娠糖尿病患者泌乳、心理弹性及生活质量的影响[J]．中华现代护理杂志，2019，25（6）：756–761.

[11] Adams R. *Social Work and Empowerment*[M]. London: Palgrave Macmillan, 2003.

[12] Arrighi P A, Mougenot C. Towards User Empowerment in Product Design: A Mixed Reality Tool for Interactive Virtual Prototyping[J]. *Journal of Intelligent Manufacturing*, 2019, 30(2): 743–754.

[13] Avelino F, Dumitru A, Cipolla C, Kunze I, Wittmayer J. Translocal Empowerment in Transformative Social Innovation Networks[J]. *European Planning Studies*, 2020, 28(5): 955–977.

[14] Baerentsen K, Trettvik J. *An Activity Theory Approach to Affordance*[C]. New York: ACM Press. 2002, PP. 51–60.

[15] Bandura A. Self–efficacy Mechanism in Human Agency [J]. *American Psychologist*, 1982, 37(2): 122–147.

[16] Bandura A. Self–efficacy: Toward a Unifying Theory of Behavioral Change[J]. *Psychological Review*, 1977, 84(2): 191–215.

[17] Barab S, Thomas M, Dodge T, et al.. *Empowerment Design Work: Building Participant Structures That Transform*[C]. Keeping Learning Complex: The Proceedings of The Fifth International Conference of The Learning Sciences (ICLS). 2002, PP. 132–138.

[18] Bardram J E. Houben S. Collaborative Affordances of Medical Records[J]. *Computer Supported Cooperative Work: CSCW*, 2018, 27(1): 1–36.

[19] Beltagui A, Candi M, Riedel J C K H. Setting the Stage for Service Experience: Design Strategies for Functional Services[J]. *Journal of Service Management*, 2016, 27(5): 751–72.

[20] Bradner E. *Social Affordances of Computer-mediated Communication Technology: Understanding Adoption*[C]. New York: ACM Press. 2001, PP. 67–68.

[21] Bradner Erin, Wendy A. Kellogg, Thomas Erickson. *The Adoption and Use of "BABBLE" : A Field Study of Chat in the Workplace*[C]. Dordrecht: Springer. 1999, PP. 139–158.

[22] Brandes U, Stich S, Wender M. *Design By Use: The Everyday Metamorphosis of Things*[M]. Boston: Birkhäuser, 2009.

[23] Brennan C, Ritters K. Consumer Education in the UK: New

Developments in Policy, Strategy and Implementation[J]. *International Journal of Consumer Studies*, 2003, 27(3): 223–224.

[24] Bureau of European Policy Advisers(BEPA). *Empowering People, Driving Change: Social Innovation in the European Union*[M]. Luxembourg: Publications Office of the European Union, 2010.

[25] Cappelen B, Andersson A-P. *Musicking Tangibles for Empowerment*[C]. Berlin, Heidelberg: Springer. 2012, PP. 254–261.

[26] Cattaneo L B, Chapman A. The Process of Empowerment: A Model for Use In Research and Practice[J]. *The American psychologist*. 2010, 65(7): 646–659.

[27] Cipolla C. Designing for Vulnerability: Interpersonal Relations and Design[J]. *She Ji*, 2018, 4(1): 111–122.

[28] Conger J A, Kanungo R N. The Empowerment Process: Integrating Theory and Practice[J]. *The Academy of Management Review*, 1988.

[29] Cox E O, Parsons R J. *Empowerment-oriented Social Work Practice With the Elderly*[M]. Pacific Grove, CA: Brooks/Cole Pub Co, 1994.

[30] Deci E L. *Conceptualizations of Intrinsic Motivation*[A]. *Intrinsic Motivation*[C]. New York: Springer. 1975.

[31] Dobson K E. *Machine Therapy*[D]. Cambridge: Massachusetts Institute of Technology, 2007.

[32] Dong B, Sivakumar K, Evans K R, Zou S. Effect of Customer Participation on Service Outcomes: The Moderating Role of Participation Readiness[J]. *Journal of Service Research*, 2015, 18(2): 160–176.

[33] Drury J, Cocking C, Beale J, et al.. The Phenomenology of Empowerment in Collective Action[J]. *British Journal of Social Psychology*, 2005, 44(3): 309–328.

[34] Ehn P. *Participation in Design Things*[C]. Bloomington: Indiana

University. 2008, PP. 92–101.

[35] Falk–Rafael A R. Empowerment as A Process of Evolving Consciousness: A Model of Empowered Caring [J]. *Advances in Nursing Science*, 2001, 24(1): 1–16.

[36] Fawcett S B, White G W, Balcazar F E, et al.. A Contextual–behavioral Model of Empowerment: Case Studies Involving People With Physical Disabilities[J]. *American Journal of Community Psychology*, 1994, 22(4): 471–496.

[37] Fougére M, Segercrantz B, Seeck, H. A Critical Reading of The European Union's Social Innovation Policy Discourse: (Re) Legitimizing Neoliberalism[J]. *Organization*, 2017, 24(6): 819–843.

[38] Gaver W W. *Technology Affordances*[C]. New York: ACM. 1991, PP. 79–84.

[39] Gibson J J. *The Ecological Approach to Visual Perception*[M]. New York & London: Psychology Press, Taylor and Francis Group, 1979.

[40] Gilson C H. A Concept Analysis of Empowerment[J]. *Journal of Advanced Nursing*, 1991, 16(3): 354–361.

[41] Gutierrez L M, Parsons R J, Cox E O. *Empowerment in Social Work Practice: A Sourcebook*[M]. Pacific Grove, CA: Brooks/Cole Pub Co, 1998.

[42] Hackman J R, Morris C G. *Group Tasks, Group Interaction Process, and Group Performance Effectiveness: A Review and Proposed Integration*[M]. New York: Academic Press, 1975,（8）: 45–99.

[43] Howard J. Toward Participatory Ecological Design of Technological Systems[J]. *Design Issues*, 2004, 20(3): 40–53.

[44] Inaba M. Aging and Elder Care in Japan: A Call for Empowerment–oriented Community Development[J]. *Journal of Gerontological Social Work*, 2016, 59(7): 7–8+587–603.

[45] Iversen O S, Dindler C. Sustaining Participatory Design Initiatives[J]. *CoDesign*, 2014, 10(3–4): 153–170.

[46] Jencks C, Silver N. *Adhocism: The Case for Improvisation*[M]. Cambridge: Massachusetts Institute of Technology Press, 2013.

[47] Kaptelinin V, Nardi B. *Affordances in HCI: Toward a Mediated Action Perspective*[C]. New York: Association for Computing Machinery. 2012, PP. 967–976.

[48] Kirkman B L, Rosen B. Beyond self-management: antecedents and consequences of team empowerment[J]. Academy of Management Journal, 1999, 42(1): 58–74.

[49] Kreijns K, Kirschner P A. *The Social Affordances of Computer-supported Collaborative Learning Environments*[C]. Nevada: IEEE. 2001, PP. T1F–12.

[50] Krietemeyer B. Projective Empowerment: Co–creative Sustainable Design Processes[J]. *Architectural Design*, 2017, 87(1): 36–43.

[51] Ladner R E. Design for User Empowerment[J]. *Interactions*, 2015, 22(2): 24–29.

[52] Mamykina L, Miller A D, Mynatt E D, et al.. *Constructing Identities Through Story-telling in Diabetes Management*[C]. Atlanta: CHI 2010. 2010. PP, 10–15.

[53] Mamykina L, Mynatt E D, Davidson P, et al.. *MAHI: Investigation of Social Scaffolding for Reflective Thinking in Diabetes Management*[C]. Florence: CHI 2008. 2008. PP, 5–10.

[54] Mamykina L, Mynatt E D. *Investigating Health Management Practices of Individuals With Diabetes*[C]. New York: ACM. 2007.

[55] McWhirter E H. Empowerment in Counseling: A multicultual perspective[J]. *Journal of Counseling & Development*, 1991, 69(3): 222–227.

[56] Mechanic D. Adolescents at Risk: New Directions[J]. *Journal of Adolescent Health*, 1991, 12(8): 638–643.

[57] Nelson J, Buisine S, Aoussat A. *Design in Use: Some Methodological Considerations*[C]. Chicago: Proceeding of CIRP MS'09, 42nd CIRP Conference on Manufacturing Systems. 2009.

[58] Nesta. *People Powered Health Co-production Catalogue*[M]. London: Nesta, 2012.

[59] Nielsen J. *User Empowerment and the Fun Factor*[M]. Dordrecht: Springer, 2003: 103–105.

[60] Norman D A. Logic Versus Usage: The Case for Activity–centered Design[J]. *Interactions*, 2006, 13(6): 45–63.

[61] Norman D A. Affordance, Conventions, and Design[J]. *Interactions*, 1999, 6(3): 38–43.

[62] Norman D A. *The Psychology of Everyday Things*[M]. New York: Basic books, 1988.

[63] Pires G D, Stanton J, Rita P. The Internet, Consumer Empowerment and Marketing Strategies[J]. *European Journal of Marketing*, 2006, 40(9/10): 936–949.

[64] Powers W T. *Behavior: The Control of Perception*[M]. Chicago: Aldine Publishing co., 1973.

[65] Prentice C, Han X Y, Li Y Q. Customer Empowerment to Co–create Service Designs and delivery: Scale Development and Validation[J]. *Services Marketing Quarterly*, 2016, 37(1): 36–51.

[66] Rappaport J. Empowerment Meets Narrative: Listening to Stories and Creating Settings[J]. *American Journal of Community Psychology*, 1995, 23(5): 795–807.

[67] Rappaport J. Studies in Empowerment: Introduction to the Issue[J]. *Prevention in Human Services*, 1984, 3(2–3): 1–7.

[68] Sangiorgi D, Meroni A. *Design for Service*[M]. London: Gower Publishing Ltd., 2011.

[69] Senbel M, Church S P. Design Empowerment: The Limits of Accessible Visualization Media in Neighborhood Densification[J]. *Journal of Planning Education and Research*, 2011, 31(4): 423–437.

[70] Shearer N B C, Fleury J, Ward K A, O'Brien A M. Empowerment Interventions for Older Adults[J]. *Western Journal of Nursing Research*, 2012, 34(1): 24–51.

[71] Shearer N B C. Health Empowerment Theory as a Guide for Practice [J]. *Geriatric Nursing* 2009, 30(2 Suppl): 4–10.

[72] Solomon B. *Black Empowerment: Social Work in Oppressed Communities*[M]. New York: Columbia University Press, 1976.

[73] Spreitzer G M. A Dimensional Analysis of the Relationship between Psychological Empowerment and Effectiveness, Satisfaction, and Strain[J]. *Journal of Management*, 1997, 23(5): 679–704.

[74] Spreitzer G M. Psychological Empowerment in the Workplace: Dimensions, Measurement, and Validation[J]. *Academy of Management Journal*, 1995, 38(5): 1442–1465.

[75] Steen M. Co–design as a Process of Joint Inquiry and Imagination[J]. *Design Issues*, 2013, 29(2): 16–28.

[76] Storni C. Design Challenges for Ubiquitous and Personal Computing in Chronic Disease Care and Patient Empowerment: A Case Study Rethinking Diabetes Self–monitoring[J]. *Personal and Ubiquitous Computing*, 2014, 18(5): 1277–1290.

[77] Te Boveldt N, Vernooij–Dassen M, Leppink I, et al.. Patient Empowerment in Cancer Pain Management: An Integrative Literature Review[J]. *Psycho–Oncology*, 2014, 23(11): 1203–1211.

[78] Thomas K W, Velthouse B A. Cognitive Elements of Empowerment:

An "Interpretive" Model of Intrinsic Task Motivation[J]. The *Academy of Management Review*, 1990 , 15(4): 666–681.

[79] Trendafilov D, Murray–Smith R, Polani D. *Empowerment as a Metric for Optimization in HCI*[C]. New York: Association for Computing Machinery. 2015, PP. 1–4.

[80] Valencia A, Mugge R, Schoormans J P L, Schifferstein H N J. The Design of Smart Product–service Systems(PSSs): An Exploration of Design Characteristics[J]. *International Journal of Design*, 2015, 9(1): 13–28.

[81] Vitiello G, Sebillo M. *The Importance of Empowerment Goals in Elderly-centered Interaction Design*[C]. New York: ACM Press. 2018.

[82] Woo M, Chu S, Ho A, Li X. Using a Wiki to Scaffold Primary–school Students' Collaborative Writing[J]. *Educational Technology & Society*, 2011, 14(1):43–54.

[83] Woodhouse E, Patton J W. Design by Society: Science and Technology Studies and the Social Shaping of Design[J]. *Design Issues*, 2004, 20(3): 1–12.

[84] Zamenopoulos T, Lam B, Alexiou K, et al.. Types, Obstacles and Sources of Empowerment in Co–design: The Role of Shared Material Objects and Processes[J]. *CoDesign*, 2019, 17(2): 1–20.

第4章
新观念：老年人作为社会资源

第三章通过对相关文献进行研究初步建构了设计赋能积极老龄化的理论框架。该框架强调资源的视角——将老年人视作可以解决自身问题并创造社会价值的内部资源，而设计和其他的外部干预方式则是协作问题解决和价值创造的外部资源。其中，内部资源关注老年人自身的资源，外部资源需要进一步认识设计的赋能方式和赋能特征。将老年人视作资源需要观念上的转变，作为研究者可以进一步将老年人作为资源的具体表现。本章将聚焦于老年人资源的识别和积极构建。对老年人资源的识别旨在改变设计师看待老年人和老龄化的“问题化”倾向，树立设计师的积极视角。为了获得对老年人资源的系统了解，本章开展了一个针对老年人资源的用户研究。

4.1 基于社会资本理论的研究设计

对资源的研究存在一定的难度，这主要是因为资源的范围广泛，包含物质的、非物质的、自身的、人际的等。很多资源在没有被使用时是不易察觉的，即便对于被调研对象自身，有时也难以意识到自己有何种可被自身调动发挥价值的资源。因此，研究者研究的设计需要考虑如何将这些资源外显化。社会资本理论可以为理解资源提供理论基础和研究的方法指导。社会资本的理论家将资源看作是个人在社会关系和网络中投资和动员的那些东西（Lin，1999；Lin，2001；Häubere，2011）。社会网络是资源投资和动员的渠道，资源在社会网络中从一方转移到另一方时变得可见和可及（Van der Gaag & Webber，2008）。本研究从老年用户社会关系的动态资源交换（包含向他人提供资源和他人向自己提供资源）入手，试图通过挖掘用户完整的社会关系，再针对参与者与每一种社会关系的社会互动来挖掘资源的交换，以此将老年人的资源进行外显化。研究者开发了很多可用于生成社会关系的工具，称之为“名字生成器（Name Generator）”，本研究采用了Marin和Kampton开发的简化版的社会关系名字生成工具（Marin & Kampton，2009）。该工具设计了6个问题（表4.1），研究表明对这6个问题的回答可以有效生成完整的社会关系列表。

表4.1　简化版的社会关系名字生成工具（来源：Marin & Kampton，2009）

1. 大多数人会不时与他人讨论重要的事情。您都会和谁讨论重要事项？
2. 在您家人之外的那些人中，有谁最近帮助您完成了家中的一些任务，例如粉刷、移动家具、做饭、打扫卫生或进行修理等？
3. 假设您需要借一些小东西，例如工具或一杯糖，您想向家人以外的哪些人去借呢？
4. 如果您需要借很多钱，比如1000美元，您会向谁求助？
5. 您最喜欢和谁一起社交？
6. 请补充列出与您关系很近，但您没有在前面任何一个问题中列出的人的名字。

本研究采用用户访谈作为数据收集的方法，并在访谈过程中提供了特别设计的研究工具和简化版的社会关系名字生成工具。工具的设计一方面是为了帮助用户回顾相关信息，启发用户的表达；另一方面也是对研究数据的结构化和可视化，以简化数据分析的流程。具体的研究设计分为4个步骤：

第一步是基本信息收集——主要了解用户的人口学特征，以及用户的生活日常轨迹和兴趣。生活轨迹和兴趣可以初步涉及到参与者的社会交往情况，从中得到初步的社会关系列表。

第二步是社会关系生成——使用简化版的社会关系名字生成工具依次向老年用户提问，让老人列出以上6个问题的答案，与第一步记录的社会关系合并形成社会关系列表，这些名字都写在贴纸上，方便下一步操作。

第三步是资源交换敏化——向老年用户提供预先设计的社会关系地图（图4.1），要求参与者将前两个步骤生成的社会关系根据资源的交换量在地图上定位。这一步骤要求用户回忆与不同社会关系之间的交往和互相支持的具体细节，对资源交换的相对量做判断。这一步旨在通过工具和任务的设计敏化用户关于资源交换的回忆，为下一个步骤做准备。

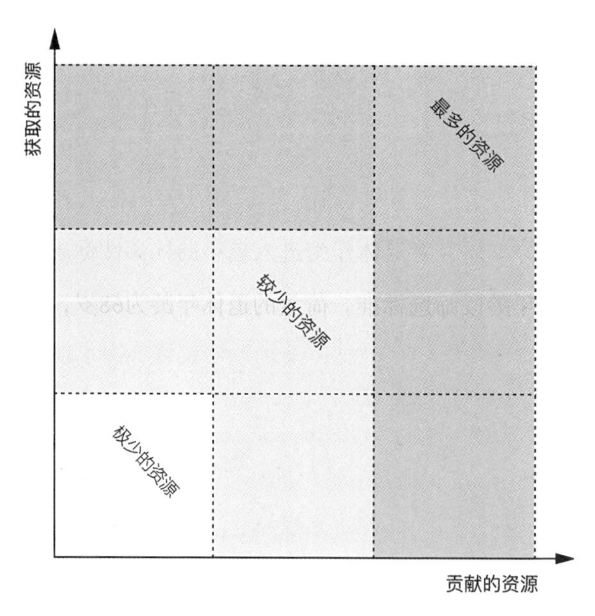

图4.1　为调研设计的社会关系地图（来源：笔者自绘）

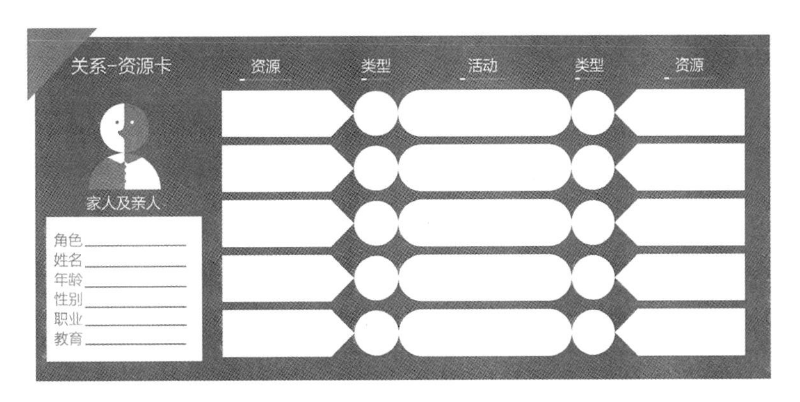

图4.2　为调研设计的关系—资源卡片（来源：笔者自绘）

第四步是资源挖掘——对参与者与每一位社会关系的社会互动情况进行逐一访谈，来挖掘参与者在社会交往中贡献的社会资源，其中也包含用来解决自身问题的资源。利用关系—资源卡片（图4.2），研究者可以通过访谈参与者与各个社会关系的社会互动活动，从而挖掘两者的资源交换情况。

4.2　资源识别的程序与方法

（一）用户招募

该研究在荷兰访学期间完成，因此用户研究主要针对荷兰的老年用户展开。本研究将退休作为进入老年的社会性标志，以退休五年之内作为年龄段筛选标准。荷兰的退休年龄为68岁，因此本研究将参与者年龄限定在68~72岁。考虑到机构养老老人的社会关系和社会交往的单一化，本研究将参与者限定在居家养老（不排除住在老年公寓中的情况）的老人中。为了研究的顺利进行，要求参与者无重大的交流障碍和严重的认知障碍，受研究者的语言能力限制，要求参与者可以用英语表达（荷兰作为欧洲英语普及度较高的国家之一，语言的限制在这个年龄范围内对取样的偏差影响不大）。

该研究基于代尔夫特理工大学工业设计工程学院与荷兰Vierstroom组织的合作项目展开。Vierstroom是荷兰一家为老年人提供居家服务的组织，该组织的宗旨是支持老年人在地老化，延长老年人居家养老、保持独立的时间。通过入会Vierstroom，会员可以获得免费的工具（如轮椅、拐杖等）租借服务，并可预约有偿的上门服务。约1/4的荷兰家庭是Vierstroom的会员。考虑到Vierstroom会员在荷兰的高覆盖率，用户招募在Vierstroom会员中展开。由工作人员通过会员邮箱群发邀请参与调研的邮件，根据年龄、居住情况、语言状况进行筛选，并初步对符合条件的回应者详细调研其性别、年龄、健康状况、居住社区状况、教育背景和退休前的工作状况（其中无工作因此无退休的也属于调研的范畴）。考虑到经费预算的问题，本研究拟招募20位用户参与调研。在符合筛选条件的参与者中尽可能考虑其背景的多样性。

（二）参与者构成

根据上述原则和流程对用户进行招募，招募阶段确定20位参与者，其中一位在中途放弃参与调研，最终得到有效参与者19名，他们的基本信息如表4.2所示。参与者的平均年龄在70.7岁，中位数是70岁。图4.3展示了参与者在性别、居住状况、家庭状况、健康状况和教育背景上的差异化分布。参与者在退休前的职业上也体现出较多的差异性。

表4.2　参与者的基本信息表

序号	代称	性别	年龄	健康状况	居住地理情况	居住房屋类型	是否独居	受教育情况	教育等级	退休前工作
1	Anne	女	68	癌症	城乡边缘	公寓	×	职业大学	高	教师
2	Bart	男	70	良好	小镇	公寓	×	职业大学	高	公务员
3	Chris	男	71	良好	小镇	联排沿街房	√	大学	高	公务员

续表

序号	代称	性别	年龄	健康状况	居住地理情况	居住房屋类型	是否独居	受教育情况	教育等级	退休前工作
4	Daan	男	72	高血压	城市郊区	私人别墅	√	信息缺失	信息缺失	船员
5	Eason	男	70	良好	城市新区	公寓	×	大学	高	公务员
6	Frank	男	71	良好	小村	私人别墅	×	职业大学	高	医生
7	Gina	女	72	良好	老年公寓	公寓	×	六年制中学	中	办公室经理
8	Hala	男	71	良好	城市郊区	联排沿街房	×	职业大学	高	经理
9	Iran	男	72	良好	城乡边缘	公寓	×	高级职校	中	采购员
10	Jason	男	71	良好	城市中心	公寓	×	职业大学	高	质检培训员
11	Keon	男	71	良好	小镇	联排沿街房	×	五年制中学	低	驾校考官
12	Lucas	男	72	糖尿病和心脏病	城市郊区	联排沿街房	×	职业大学	高	室内设计师
13	Mary	女	69	良好	城市郊区	公寓	×	高级职校	中	护士
14	Nara	女	68	严重背疼，影响长时站立	城市郊区	联排沿街房	√	职业大学	高	社工
15	Olive	女	72	中度背疼，影响长时站立	城市郊区	老年公寓	√	初级职校	低	秘书
16	Pat	女	68	良好	城乡边缘	联排沿街房	×	职业大学	高	项目经理
17	Quay	女	72	高血压	城乡边缘	公寓	×	职业大学	高	人事经理
18	Ryan	男	72	有腿疾，依靠代步车出行	小村	联排沿街房	√	初级职校	低	个体户
19	Sem	男	72	良好	城市郊区	公寓	√	职业大学	高	城市规划测量员

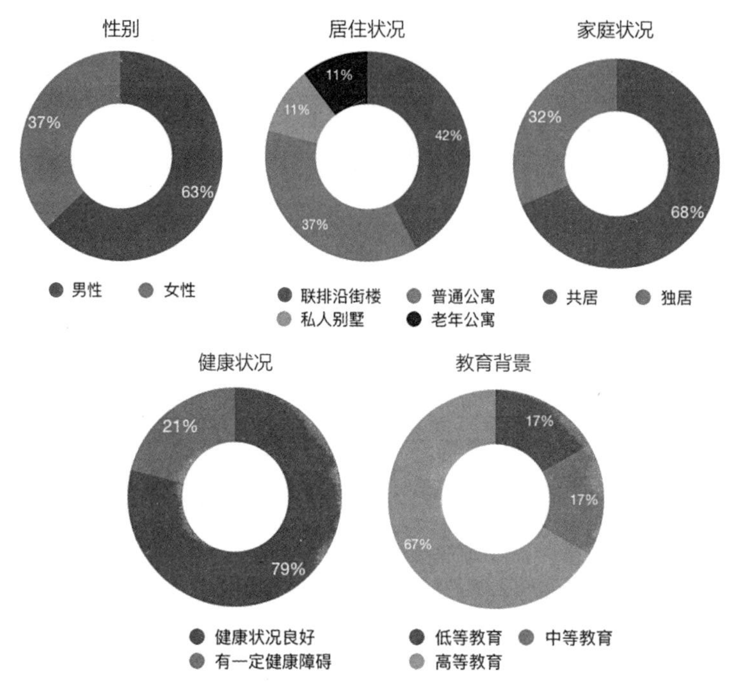

图4.3 参与者分布状况

（三）数据收集

用户访谈采用入户访谈的方式，入户访谈一方面是为了给参与者一个轻松熟悉的访谈环境；另一方面也是为了在熟悉的场景下激发参与者对社会互动的记忆。用户在接受访谈的过程中，提到某些社交活动时会从家中拿出相应的“见证物”，在这些物件的刺激下，用户可以回忆起较多社会互动的细节，研究者可以从中获得更多更生动的原始数据。图4.4右下角展示了一个CD和家具小摆件，这个CD是用户去社区做歌唱表演时录制的歌曲，同时用户也提到自己擅长做视频剪辑，这个CD的内容是自己制作的，而自己也在给其他感兴趣的人教授视频制作，并且给身边的人修理电脑。小摆件也见证了参与者和邻居共同进行手工制作的情形，帮助参与者回忆起与邻居互动的细节。

图4.4　入户访谈过程的部分照片记录（来源：笔者拍摄）

每一名参与者的访谈同时由两名研究员完成，其中一名是主访谈人员，主要负责提问和在各个阶段引导调研工具的使用，而另外一名是记录员，主要进行音频录制，并在征得用户同意的情况下拍照记录相关的信息，在主访谈人员结束后补充相应问题。

4.3　老年人作为资源的定量分析

数据分析分为定量分析和质性分析。用户研究过程获得了丰富的语音数据和用户利用工具生成的可视化信息，可以帮助研究者对数据进行定量和定性的分析。定量研究关注老年人社会资源贡献和社会资源消耗的相对量的比较。如图4.5所示，九宫格形式的社会

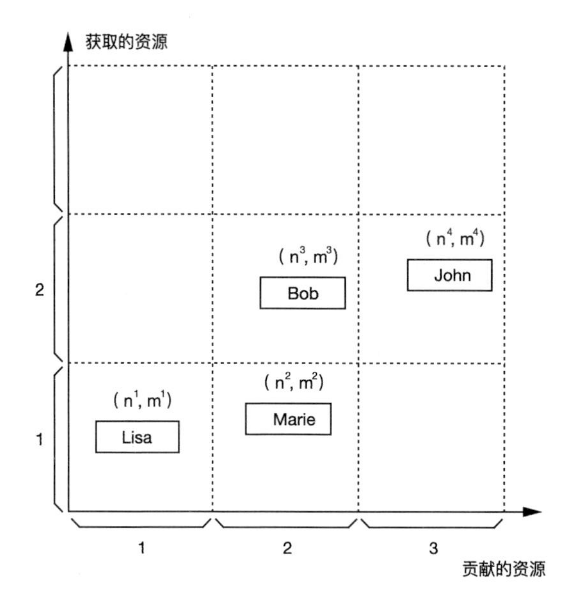

图4.5 利用社会关系地图对资源交换进行量化的示意图

关系地图的横轴和纵轴分别代表3个不同级别的资源交换量，横轴表示贡献的资源，纵轴表示获取的资源。在轴上对应的低、中、高3个量分别赋值1、2、3，这样就可以对参与者在社会关系中的资源贡献和资源消耗进行定量计算。

NR−offer= --------------（公式1）

MR−receiver= --------------（公式2）

其中，

N=提供资源的量；

M=获得资源的量；

如果用户给出的社会关系地图如图4.6所示，那么：

提供资源量：NR−offer=$n^1+n^2+n^3+n^4=8$

贡献资源量：MR−receiver=$m^1+m^2+m^3+m^4=6$

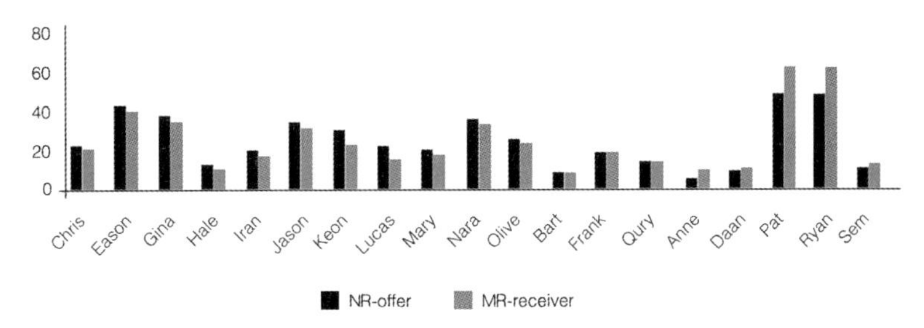

图4.6 参与者资源交换量化分析结果

从计算的结果可知，这一参与者对自己社会关系中的贡献是高于获取的。

对19位参与者主观报告的资源交换量化分析结果显示，14位参与者对社交关系网络的资源贡献大于或约等于资源交换，具体的结果如上图所示（图4.6），前14位参与者的贡献值大于或约等于索取值。这一结果说明将老年用户当作资源的赋能视角并非仅仅是价值驱动的，在实际的生活交往中，老年用户确实有能力并在实际行动中表现出社会贡献的意愿，他们是创造社会价值难能可贵的资源。老年人既是社会福利的消费者，也是社会福利的创造者。

对这些资源贡献低于获取的参与者情况进行回溯，发现Anne是一个癌症患者和肥胖症患者，她病情严重，平时不能出门。她提到对其他人的帮助主要是通过Facebook，对曾经在针对问题少年的社会学校辅导过的学生提供鼓励。Ryan有严重的腿脚不便，出行需要通过代步车辅助，无法进行远距离的出行，因此更加依赖其他人的帮助，如出门看望弟弟需要另外一位兄长开车送达。Daan是一名船员，长期出海，在海上建立的社交关系在退休后分散到不同的国家和城市，退休后回到当地社区并没有在当地社区建立起社会关系网络，出现一定程度的社会隔离。Sem在退休后两度丧偶，一直处于比较消极的情绪状态，社会交往较少，但是他依然坚持在一个为贫困人口提供免费食物的公益组织做志愿服务工作，帮助该组织从一个城市向另外一个城市运送食物。Pat是一个热爱组织活动的女性，在退休之后的一段时间，她一直服务于社区组织各种活动，但是她后来停止了这些工作。她表示她工作的时候非常忙，非常辛苦，退休之后她觉得应该更加享受自己的生活，因此她每年和丈夫去各地旅游。但是在她的社交圈里，她还是非常积极贡献自己的组织才能，每年都会组织棋牌比赛，并且她非常乐于向其他人分享自己的旅游经历，并为有需要的人提供详细的攻略。她厨艺较好，所以她会经常给患癌症的兄长做饭，并定期看望公公以及年迈的母亲。从Pat的口头报告来说，她是家庭和社区重要的资源，笔者推测，退休之后经历的社会参与意愿的变化影响了她对资源交换的相对量的判断。

从这些状况来看，严重的健康问题、因为生活的重大变故等原因导致社会隔离等状况，会逐渐封闭老年人与社会的资源交换。

这一结果有可能受到社会愿望的影响，人们倾向于表达自己积极的和对别人有帮助的一面，但呈现这一结果对改变人们的固有偏见依然有帮助。

4.4 老年人资源类别的质性分析

定性分析主要是为了发现老年人具体的资源类别，在现场访谈过程中得到的关系—资源卡片可以提供初步的洞察，而系统的定性分析是通过对用户访谈的录音进行转录开始的。研究采用扎根理论的编码方法，对资源的类别进行范畴化，编码的过程采用NVivo定性分析软件辅助完成。为了提升数据分析的可信度，两位研究者分别对用户访谈的数据进行逐字逐行的初始编码并产生概念，焦点编码则是通过类别的统合而形成理论。研究者通过讨论将这些概念进一步类别化。接下来进行理论编码，研究者通过理解各个类别的关系，建立各个类别之间的理论模型。

（一）六类资源

质性数据分析的结果显示老年人在社会关系网络中贡献了十二类资源，这些资源进一步被分为6个类别，分别是实践资源、情感资源、智力资源、文化资源、历史资源和时间资源。表4.3详述每种资源类别所对应的具体资源及其含义。

表4.3　老年人资源类别列表及含义解释

类别	子类别	解释
实践资源 Practical Resource	手工技能 照护能力	-老年人在现代化和劳动分工程度较低的时期发展起来的手工劳动的技能（比如刷漆、修建花园、衣服缝补等） -老年人在生育、抚养、照料子女等生命历程中习得的照护的能力，表现在对孙辈、高龄父母或其他人的照护
情感资源 Emotional Resource	积极情感 陪伴意愿	-相较于年轻人，老年人倾向于对积极情绪进行优先加工和记忆，从而表现出更积极的情感和生活满意度 -老年人基于自由时间和自身需求或体验等因素产生的较高的对他人进行情感陪伴的意愿
智力资源 Intellectual Resource	人生经验 专业专长 决策智慧	-老年人在较长的人生经历中积累的经验，包含日常生活经验（如处理家务、交流技巧等）和生命历程经验（如婚姻、生育经验等） -老年人在从事某种职业或专门性的工作中积累的与专门领域相关的知识和经验，包含职业专长、兴趣专长等 -老年人得益于过往经历所形成的综合的决策智慧，表现为在决策中更关注情境因素和更高的效率等
社会资源 Social Resource	社区联结 社会责任	-老年人在与所生活的地缘社区、工作形成的同事社群，或因兴趣组成的社团之间在长期社会互动中形成的联结与互惠关系 -老年人表现出的对社会的关切和责任心，表现在参与志愿服务和其他有利于社会的活动方面
文化资源 Cultural Resource	传统技艺 历史记忆	-老年人在历史的变迁中所传承的凝结了一定地域和一定历史时期的传统文化的手工技艺，或这些技艺在物质形态上的表现（如传统编织以及编织的作品等） -老年人作为历史的亲历者，在见证了特定历史时期的社会、文化习俗等历史变迁所保留下来的可供当代社会参考的有价值的史料与记忆
时间资源 Time	自由时间	-从工作岗位上脱离的老年人拥有大量自由的可供支配的时间

（二）实践资源

手工技能——现代技术的发展使得很多工作都被自动化、智能化的机器和装备所取代，劳动的分工也使得个人需要完整的手工劳动可以通过雇佣专门的职业工作者来完成，比如修剪花园由专门的园丁来完成，而被这些职业工作者所服务的人也被分化为专门的工作者，从而失去了更丰富的生活技能。从现代化程度较低的时代走来的老年人却保留着手工技能和手工化的生活习惯。

在研究中发现很多参与者保留着不同类别的手工技能。如Chris表示最让他感到自豪的是他手工修理的钢琴。Chris喜欢建造、做手工、整理花园等活动，他常常帮助他的儿子整修花园和房子等。Lucas擅长装修房子和制作家具，因此他常常和一个擅长电工的朋友相互帮助，相互提供自己擅长的手工劳动服务。Lucas的妻子擅长衣物缝补，她常常帮儿子修改衣服尺寸等。

> “我也喜欢DIY，比如建房子、做手工、修剪花园、照顾房子里的事情，包括我自己的房子，我女儿的房子和我儿子的房子……当他（儿子）买的衣服尺寸不合适时，我妻子帮他修改尺寸。
>
> ——翻译自Chris”

这些手工技能一方面使得老年人在空闲的时间有事可做，手工劳动带来的成就也可以帮助老人克服社会角色转变带来的失落感。以技能为媒介，老年人可以保持更活跃的社交状态，以技能作为交换，老年人可以获得其他社会资源和社会支持。这些手工技能同时也能为他人和社会创造价值。

照护技能——生育、抚养、照料子女是人的生命历程中重要的事件。很多老年人因为经历过这个历程因此习得了照护的技能。在用户研究中发现老年人对孙辈、儿女和高龄父母的照护是极为普遍的，包含接孙辈放学，为其做晚餐直至孩子的父母下班，照顾生病卧床的高龄父母等。还有的参与者会为朋友和社区中的高龄老人提供定期的照护。Pat每周都会去照顾患失智症的母亲、患癌症的继父和一个瘫痪的朋友。研究表明，当前社会存在照护资源严重不足的情况，老年人作为家庭、社区的非正式照护者为弥补正式照料人员的不足提供了有力的补充（Fleming et al.，2003）。

> “现在我妈妈得了失智症，对于这些人，他们不能自己独居。她现在住在**（城市），我每个星期就去得更频繁了，到那儿就是一天。我每个星期都去看望我公公。我还有一个朋友，她瘫痪了，我每个星期去看望她两次，星期一和星期五（下午）。因此我这两个下午也很忙。
>
> ——翻译自Pat”

（三）情感资源

积极情感——如前所述，老化悖论的理论认为，老年人倾向于优先对积极信息进行加工，更容易获得更多的积极情绪体验，此外对积极信息也会有更好的记忆。通常老年人对生活的满意度要比年轻人高，这使得老年人在人际互动中可以对其他人产生积极的情绪影响。用户研究的结果显示，一些参与者对身患重疾、情绪焦虑的朋友给予了很多情感支持，还有一些老年人在退休之后的志愿服务工作中给共事的年轻人疏解工作的焦虑。Bart表示他的妻子经常会与一个患癌症的朋友通电话，疏解病人的压力。

“她得了癌症，她有时候病得很严重。她经常和我的妻子聊好几个小时，我的妻子是一个很好的听众。

——翻译自Bart”

“我丈夫的两个妹妹都得了癌症，她们病得很严重，所以我们家里有3个人得了癌症。我们经常聊孩子们……当我们去看望她们的时候，我们会想办法转移她们的注意力，帮她们做饭。

——翻译自Pat”

陪伴意愿——孤独是很多老年人面临的挑战。在很多国家，由于失去社会联系而产生孤独成为一个严重的社会问题（Brownie & Horstmanshof，2011）。由于自身的真切体验或拥有较多的自由时间，老年人表现出更高的对他人提供情感陪伴的意愿。很多参与者提到自己经常会上门拜访、陪伴身边那些社会联系较少、情感孤独或患有疾病的人。Koen表示他每个月都会拜访五六个教会的老人，他认为这将有助于减少教会老人的社会隔离与孤独感。也有一些参与者表示会以集体为单位组织活动，相互陪伴。

“我会去看望我们教堂的老人。我看望的有五六个人（老人），他们很孤独，我每个月去看望他们两三次，去帮助他们。更多时候我只是在那儿和他们说说话。

——翻译自Koen”

“这是我所有的兄弟。他住得很远，在这个夏天他还生病了。星期一我和我兄长去看望他，和他聊天。

——翻译自Ryan”

（四）智力资源

人生经验——人生经验包含两个方面，一是日常生活经验，二是生命历程经验。日常生活经验涉及的范围广泛：房屋的修缮、一日三餐的烹饪、花园的打理等。在用户研究中，很多参与者都提到生活经验的传授。Nara表示她的侄女在找房子的时候密切地咨询过她的建议，她也根据自身的经验给她的侄女分享了找房子的重要考虑因素。另外她还经常给其他人分享她的旅游经验。在生命历程经验方面，老年人相对于其他人群来说经历了人生中较为完整的生命历程阶段和人生的重要转折，如青春期、结婚、生子、工作、退休等，这些经历帮助老年人积累了应对这些转折的重要经验。Chris提到他儿子的婚姻曾经出现“七年之痒”，他为儿子提供了很多渡过难关的建议。

> “我想在他（儿子）的生命里有一段时间，你知道的，结婚的人会经历七年之痒，当他在南非工作的时候，他的婚姻因为七年之痒出现了问题。他打电话问我这件事情（怎么处理），我给了他我的观点。
>
> ——翻译自Chris”

专业专长——老年人在从事某些职业和活动中积累了丰富的经验，这些成为他们延续社会参与和社会贡献的重要资源。一些专长是在漫长的职业生涯中形成的，一些则是某些兴趣爱好者长期进行某项兴趣活动积累起来的。Eason是荷兰国务委员会的前立法顾问，他在退休后经常给身边的朋友和邻居提供法律相关的建议。在用户研究的19位参与者中间，有8位参加了兴趣社团，包含合唱团、滑冰俱乐部、棋牌俱乐部和养鱼俱乐部等。在特定领域有兴趣并具备专长的老年人在兴趣社团里发挥了重要的作用，而这些也为他们拓展了社会网络。

“在这之后，我代表国防部参与到ISO组织负责制定开枪声音标准的工作组。当我从国防局退休后我一直作为荷兰的代表参加这个工作组，和国际的同事一起工作。每年有2次我们会聚在一起，决定已经制定的标准的现实转化，并且确定相关的法规。

——翻译自Chris”

“Wim和Thea，他们两个人帮我一些关于养鱼的事，因为他们对水族馆很了解。有一个水族馆俱乐部，我们在同一个俱乐部，当我需要处理水族馆的事情的时候他会帮我。我们认识三十年了。

——翻译自Eason”

决策智慧——决策智慧是在长久的生活历练和人生经历中积累起来的，在实验条件下的研究表明其得益于过往经历。老年人在做决策的时候能够更关注情境影响（Contextual Effect），因而能表现出更好的决策智慧，他们在做决策的时候也能表现出更好的效率（Tentori et al.，2001；Zimmerman et al.，2011）。本研究的质性分析同样发现了老年人在决策上表现出来的优势。一些老人在退休后被邀请为政府和某些组织提供咨询服务，为城市、组织的发展决策提供参考意见，决定未来的发展方向和议题。

“我不仅仅是这幢楼的秘书，我在不同时间点也都有一些事情要做。即便到现在，市政府还会找我，还邀请我参加他们的会议，问我怎么想的等。

——翻译自Jason”

（五）社会资源

社区联结——社区是社会结构的原子，是建立在地缘、亲缘或精神/文化互动上的群体（社群），是一个能让成员之间产生归属感的相对稳定和独立的社会实体（季铁，2012）。一些老年参与者在退休之后依然保持稳定的社区联结，用户研究参与者的社区责任主要体现在邻里社区、工作关系社区和兴趣社团3个方面。Nara表示他和邻居之间相互保留着对方家里的钥匙，方便自己不在家而儿女们回家拜访时能进屋；Quay在退休之后一直作为工作单位退休工会的志愿者在每一个已退休的同事生日的时候给他们寄送生日卡片，这种仪式性的行为使得社区成员之间产生了精神联结，稳固和延续着原有社区；还有参与者提到所在的养鱼兴趣社团的成员之间相互传授经验，并有资深的会员帮助他修理鱼缸的事情。社区联结帮助成员自身维系和拓展了社会关系，强化了归属感，并且增加了社区内的社会资本。

“我们有对方的钥匙。当他们不在家，当孩子们钥匙丢了或者没有钥匙，他们就会过来取钥匙，就这样的事情。

——翻译自Nara”

“当工会有人生日的时候，我会给他们寄卡片。我有一个列表，有80个人，我都会在他们生日的时候给他们寄卡片。我保持着在这个社交社区中的状态，我也很享受这个。但是有时候，啊，糟糕！有人生日，我忘记寄卡片了！每隔五年，当他们70岁，75岁，80岁。他们会从我们工会得到一束花。这就是我送他们卡片的名册（Quay给访谈者展示了一个写满名字的名册）。

——翻译自Quay”

社会责任——老年参与者表现出较强的社会责任感，主要体现在参加到解决特定社会问题的非营利性社会组织中，参与志愿服务活动。在19个老年参与者中，有4个加入了专门的公益组织。其中一位参与者在一个“食物银行”的组织中为饿肚子的人提供送餐服务，一位在一个帮助儿童阅读的机构中陪伴移民家庭的孩子阅读，一位加入到为行动不便的人提供出行帮助的公益组织，还有一位为社区提供维修服务。老年人表现出的社会责任感驱使他们参加特定的志愿服务活动，在活动中，一方面创造了社会价值，一方面强化了自身的成就感和身体活跃度。

“我们不喜欢事情脱离轨道，我们这一代人总是尝试创造一个更好的世界。

——翻译自Anne”

（六）文化资源

历史资源主要体现在传统技艺传承和历史记忆上。老年人是历史的亲历者，见证了过去的传统文化形式和特定历史时期的故事，这些都是宝贵的历史文化资产。**传统技艺**——一些女性参与者保留了编织的传统技艺，并在用户研究中展示了他们的编织作品。**历史记忆**——一些参与者讲述了半个多世纪前的荷兰风光和人们的生活场景，讲述了所在城市的商业是如何发展起来的。这些资源以人造物或口述故事的形式凝结了对过去历史的回忆，对于新时期的人们有重要的文化价值。

“这幢房子里有36户人家，三幢加起来有80户左右，这里有很多店铺，这就是为什么市政府有很多会议。市长想要改变所有东西，我们必须从我们的角度说出我们的想法，所以退休后会有很多会议。

——翻译自Jason”

“Tess给访谈者展示了她做的十字绣，告诉我们这是她为女儿做的。Daan告诉访谈者过去荷兰的天气经常比较寒冷，河道都会结冰，这时候人们可以滑冰到不同的城市，荷兰博物馆的画作就展示了这一盛况。

——来自访谈笔记”

（七）时间资源

除以上五类资源之外，容易被忽略的资源还包括老年人的时间资源。在访谈中出现了很多跟时间有关的语言片段，比如儿女的工作“忙碌”使得他们没有“时间”接孙辈放学，老年人帮助儿女接回孙辈，孙辈要在自己家里待“一到两个小时”直到孩子的父母下班；又比如一个参与者表示每周有两个“下午”会去看望年迈的父母和生病的朋友等。这些跟时间有关的术语提示出老年人所拥有的重要资源：时间。大量可支配的**自由时间**，一方面有可能导致情感的孤独，但另一方面是其他资源发挥作用的基础。

“一起逛街、看书、看电视、走一走，每一天我都会和我的妻子一起走一走，我们以前都没有时间一起做事情。我的生活改变了，我妻子的生活也改变了。她之前一直在家里帮我打理家里的事情，包括家庭财政。所以我们在退休前后有很大的不同。

——翻译自Jason”

“我很骄傲我可以做这些（帮助其他人），我有时间做这些。

——翻译自Keon”

（八）资源类别的跨文化验证

这一研究在荷兰进行，研究所获得的资源类别是否符合中国情境的，相关研究成果还需要进行进一步的验证。笔者将第六章出现的“老小孩”案例里的老年会员和管理者的访谈文本作为材料，对6项资源进行一一核查，发现6个资源类别均有体现（表4.4），只是在具体内容上有差异。如“国有企业改革”是中国语境下独有的历史记忆，这一核查可以说明在荷兰进行的研究得到的资源类别在中国情境下有很好的适应性。

表4.4　资源类别在中国老年人中的体现

资源类别	在中国“老小孩”案例中的体现
社会资源	老年会员C——我们过去做工作都是谈心家访，但是他们现在没有我们这样的耐性，我是一个老党员，我退休后在社区还是做这些工作。上海有一个“老伙伴”计划，就是让社区年轻老人和高龄老人结对子，有空去关照一下，我结对了3个老人（社区联结和社会责任）
文化资源	老年会员B——想写一本书，写国有企业为什么会消亡，作为一个财务人员，我太了解这里面的东西了。每个人都是社会的缩影，可以从一个人的变迁看到企业的变迁和国家的变迁（历史记忆） 管理者F——他们就是人生的宝库，如果对他们好好挖掘的话，对他们来说他们的人生就留下了很多回忆，对我们来说，我们没有听到过的事情就再也听不到了
实践资源	老年会员B——最近在帮我儿子装修房子，他没空，都是我在操持，包括给装修工人做饭（手工能力） 老年会员C——我老伴现在每周末都去女儿家，替女儿送孙女去上补习班，他们没有时间的呀，就周末有空让他们好好休息一下，我主要是心疼女儿（照护能力）
情感资源	管理者G——我经常和他们聊聊天，修身养性，心平气和（积极情感）
智力资源	老年会员B——想开一个“你问我答”的网站，我自以为有很多生活经验，比如修水管呀，教年轻人这个事情怎么做，菜怎么做，上海房子买在哪儿好呀（人生经验） 老年会员A——退休之后在书店帮过一次忙，我原来搞印刷，后来搞出版，再后来搞书店，都是只知道一些皮毛，我在复旦大学书店的时候就帮他们写了一份分析报告，老板没想到我会这么写，当时是很感动的。“老小孩”当时说要出书的时候，我给了他们很多建议，要注意什么东西，开本、装帧、字体我大概跟他们说了一下（专业专长）
时间资源	老年会员C——老了之后，有时间，没人管你了，自己可以去安排自己的时间，以前上班的时候没时间呀

4.5 老年人资源的钻石模型

上文阐述了6个类别12个子类别的资源的具体表现，并提供了用户访谈中的原始数据作为对这个资源列表的佐证。对六类资源的关系进行进一步探究，发现他们彼此之间并不是孤立的。

首先，时间是调动其他资源的基础，上文提供的时间资源的佐证就可以说明这个问题，接送孙辈照料孙辈（实践资源）、给生病的朋友的情感陪伴（情感资源）、花“好几天时间”去国际标准化组织（ISO）继续贡献自己的国防专业知识（智力资源）、用传统的编织技艺进行编织生产可被历史传承的艺术品（文化资源）以及通过寄送生日卡片维系的社区联结（社会资源）都是建立在可支配的自由时间上。

社会资源和文化资源是建立在实践资源、情感资源、智力资源之上的。以社会资源而言，通过邻里之间相互帮助，如修理花园（实践资源）、给教会中社会隔离的老年人提供情感陪伴（情感资源）、给其他人提供法律的建议（智力资源）等方式，群体之间形成社区联结（社会资源）。

而文化资源也是通过实践资源、情感资源和智力资源的凝结而形成的。许多手工技艺（实践资源）在历史的沉淀中逐渐形成传统生活方式的文化符号（文化资源）。Jason的案例则可以帮助说明智力资源是如何产生文化资源的。Jason在一个具有历史年代感的商业街区居住了很多年，见证了街区的变化。在决定商业街区未来如何发展和传承的市政工作讨论中，Jason由于多年在此的生活经历（智力资源）被邀请作为顾问参与到讨论中，在会议中他提出如何保持该地区已经保留多年的传统生活方式的建议，这些建议维护了当地的文化传统，Jason因此发挥了作为文化资源的价值。

这样就形成了一个包含3个层次的资源结构，时间资源是基础，实践资源、情感资源和智力资源是重要的支撑，而社会资源和

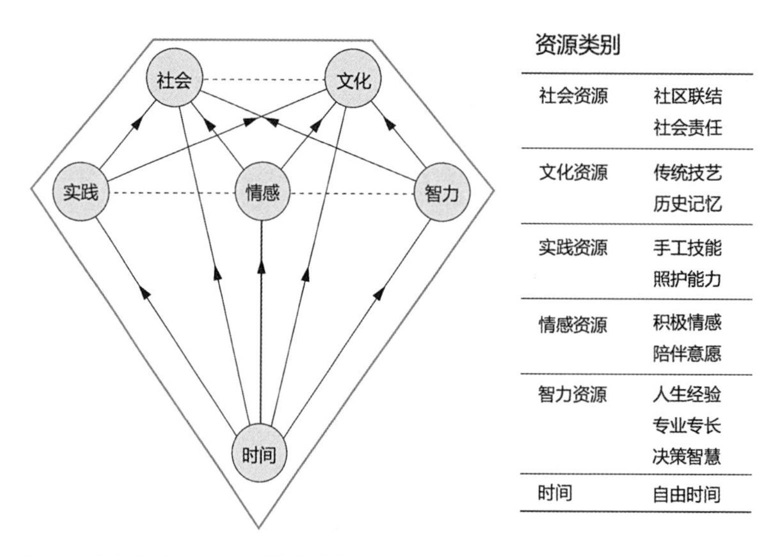

图4.7　老年人资源：钻石模型（来源：笔者自绘）

文化资源是建立在时间资源之上的实践资源、情感资源和智力资源的凝结。本书第一章介绍了流体智力和晶体智力，晶体智力指的是个体一生通过所接受的教育及生活经历、经验等后天积累、习得的能力和知识，晶体智力随着时间的流逝保持稳定甚至有所上升。而将老年人视作资源的视角正是关注老年人的人生经历所带来的积极变化。借用“晶体”一词之意，笔者以最为坚硬的晶体“钻石”对资源模型进行命名。这一模型形似钻石，传达了随时间永恒而珍贵的价值，和将老年人视作社会重要资源的价值立场相契合（图4.7）。

4.6　小结

将老年人作为资源而非问题是本研究秉持的核心观念，也是积极老龄化的要义之一。本章通过对老年用户深入的入户访谈，在社会资本理论和工具的支持下，以社会关系中的社会交换为切入点来研究老年人资源调动情况。研究分为量化研究和质性研究两部分。

量化研究比较了老年人的资源获取和资源贡献，结果显示大部分的参与者表现为贡献大于获取，由此可以证明将老年人视作资源而非问题并非仅仅是价值倡导，而且是客观事实。质性研究则是关注具体的资源类别。研究识别出包含实践资源、情感资源、智力资源、社会资源、文化资源和时间资源在内的6个资源类别。这些资源体现了老年人老化过程的积极变化，是凝结了时间的结晶，因此，将这6个类别的资源模型称为“钻石模型”。模型的具体内容和命名旨在达到两个方面的目的，一是在内容上为设计师进行设计赋能提供基础知识；二是“钻石”意向传达出值得珍视的正面意涵，旨在传播和构建老年人积极正面的形象，强化设计师将用户视为资源的观念。

参考文献

[1] 季铁. 基于社区和网络的设计与社会创新[D]. 长沙：湖南大学，2012.

[2] Brownie S, Horstmanshof L. The Management of Loneliness in Aged Care Residents: An Important Therapeutic Target for Gerontological Nursing[J]. *Geriatric Nursing*, 2011, 32(5), 318–325.

[3] Fleming K C, Evans J M, Chutka D S. *Caregiver and Clinician Shortages in an Aging Nation*[A]. Mayo Clinic Proceedings, 2003, 78(8): 1026–1040.

[4] Häuberer J. *Social Capital Theory: Towards a Methodological Foundation*[M]. Wiesbaden: VS Verlag Für Sozialwissens Chaften, 2011.

[5] Lin N. Building a Network Theory of Social Capital[J]. *Connections*, 1999, 22(1), 28–51.

[6] Lin N. *Social Capital: A Theory of Social Structure and Action*[M]. Cambridge: Cambridge University Press, 2001.

[7] Marin A, Hampton K N. Simplifying the Personal Network Name Generator: Alternatives to Traditional Multiple and Single Name Generators[J]. *Field Methods*, 2007, 19(2): 163–193.

[8] Tentori K, Osherson D, Hasher L, May C. Wisdom and Aging: Irrational Preferences in College Students but not Older Adults[J]. *Cognition*, 2001, 81(3): B87–B96.

[9] Van Der Gaag M, Webber M. *Measurement of Individual Social Capital*[A]. Kawachi I., Subramanian S, Kim D(*eds.*). *Social Capital and Health*[C]. New York: Springer. 2008, PP. 29–49.

[10] Zimerman S, Hasher L, Goldstein D. *Cognitive ageing: a Positive perspective*[A]. In Kapur N, Goldstein D, Hasher L(*eds.*). *The paradoxical brain*[C]. Cambridge: Cambridge University Press. 2011, PP. 130–150.

第5章 新角色：设计作为赋能手段

第四章从赋能的内部资源入手进行用户研究，归纳出老年人的资源类别，接下来的两章将从设计作为外部资源的认识入手理解设计如何赋能于用户，分别关注设计的赋能手段和设计得以赋能的特征。传统的老龄化设计大多将设计作为老年人的功能补偿，在积极老龄化的设计框架下，本章将重新认识设计的角色，将老龄化设计作为赋能的手段，旨在通过设计促进老年人的积极参与，支持老年人解决自身问题。本章将通过对全球范围内6个支持积极老龄化的设计案例的研究，总结设计支持积极老龄化的方式，对“设计赋能积极老龄化”理论框架中的“赋能方式”进行具体化。

5.1 多案例研究设计

（一）案例的选择标准

案例选择遵循3个标准：一是主题相关性；二是内容多样性；三是数据采集方便性。主题相关性方面要求设计案例是以赋能为核心价值和出发点，或者在设计结果上体现了设计赋能。如何检视结果的赋能呢？第三章总结了赋能的心理评价维度，体现在意义感、影响力、自主性、胜任感、恢复力和关联感这6个方面，这6个方面可以从心理体验上评价设计赋能是否达成。设计案例中的用户评价可以体现出用户是否获得了赋能的心理体验。通过对案例的资料进行研读，研究者可以对案例的主题相关性作出判断。以Experience Corps（跨代际的志愿者辅导计划）为例，官网上对项目的介绍强调了赋能的价值：

> “AARP Foundation Experience Corps是一项跨代际的志愿者辅导计划，事实证明，该课程可以帮助那些三年级以下不太喜欢阅读的孩子成为优秀的阅读者。我们激励并赋能（Empower）50岁以上的成年人在社区中服务，并通过对美国处于弱势地位儿童的生活产生持久影响来打破贫困的循环。”
>
> ——翻译自官网的案例介绍

有一些设计案例的官方资料里还提供了用户反馈的信息，如下面的文字就体现出用户参与项目在“影响力”和“关联感”等维度上的赋能影响：

> “这个故事永远在我脑海中浮现，这个小男孩说：‘我只是不聪明。’我通过项目帮助他，他成为了我的伙伴，我们做得都很棒。是的，他可以阅读，是的，他会大声朗读，他可以写得很漂亮，而当涉及到绘画时，他会画得很漂亮。这是一个孩子说的：‘我做不到，我不是很聪明。’最好的部分是当老师说：‘您的孩子从这里一直向上走了两个台阶。’我们哭了，因为这是一个说‘我做不到’的小孩呀！”

“它使您有机会看到教育项目的另一面，而不仅仅是从电视上听到的内容。另外，还有友情，我仍然和一位离开的成员保持朋友关系，我结交了一个朋友。”

——翻译自官网的用户反馈

多案例研究可以保证案例研究的外部效度，案例多样性的程度与外部效度直接相关。为了保证案例的多样性，笔者在选择案例的时候有多方面的考虑：（1）案例的设计表现形式尽可能包含产品（数字化产品和物理产品）、空间、服务等；（2）案例在内容上尽量涉及老年人生活的方方面面的需求。实现“六个老有”是中国老龄工作的目标，是对老年人生活需求的高度概括，包含“老有所养、老有所医、老有所为、老有所学、老有所教、老有所乐”6个方面，案例的选择尽量涵盖这“六个老有”；（3）考虑到尽可能吸收不同地区的设计经验，案例尽可能涉及不同的国家和地区；（4）由于开展老年人健康相关的项目是公共健康等其他健康相关领域专家的重要工作，不同领域的专家对项目的设计、开展和管理有很多值得学习的经验，因此案例筛选尽量包含由设计专家主导的和由非设计专家（如公共健康领域的专家）主导的项目。此外，全球性的案例在材料收集上存在一定的困难，因此材料收集的方便性也作为案例筛选的标准之一，具体的案例将在下一节进行详细介绍。根据以上标准最终选择了6个案例作为研究对象。表5.1展示了6个案例在不同方面的多样性。由于案例需要介绍的信息较多，因此本章另列一节来对案例进行专门介绍，见本章第二节。

表5.1　最终筛选的6个案例的多样性体现

案例	设计形式	六个老有	地域	主导
“老小孩” 互助养老服务平台	数字化产品：网站 服务：线下活动	老有所为 老有所学 老有所教 老有所乐	中国	政府部门（老龄办）

续表

案例	设计形式	六个老有	地域	主导
“AgeWell（安好老年）” 健康提升朋辈互助系统	数字化产品：App 服务：线下活动	老有所为 老有所医	南非	公共健康领域
“Flowershop Abtswoude（绽放养老院）” 跨代际共居的空间与服务	数字化产品：网站 空间：养老院的空间改造设计 服务：线下活动	老有所养 老有所为 老有所学 老有所教 老有所乐	荷兰	设计
“Connected Resources（资源互联）” 物联网智慧家居系统	物理产品：物联网组件 数字化产品：App	老有所养	荷兰	设计
“Rio Vivido（活跃里约）” 老年人为游客提供招待和导游服务的服务	数字化产品：网站	老有所为	巴西	设计
“Experience Corps（经验队）” 老年人帮助儿童阅读的志愿服务项目	服务：线下活动	老有所为	美国	公共健康领域

（二）数据收集方法

此外，为了保证案例材料的内部效度，要求资料收集遵循三角验证法，资料源尽可能涵盖二手材料和一手材料。本研究数据收集采用桌面调研、访谈、观察、聆听设计师的报告、邮件咨询和访谈等方法完成，数据源涵盖官方数据、第三方媒体数据、用户和项目方人员（设计师、项目经理、创始人、项目管理人员）提供的反馈（表5.2）。

表5.2　案例研究的资料收集方法和数据来源

案例	资料收集方法和数据来源
“老小孩” 互助养老服务平台	桌面调研 面对面访谈（8名用户，1名线下工作人员，1名产品经理） 观察（一次活动）
“AgeWell（安好老龄）” 健康提升朋辈互助系统	桌面调研 面对面访谈（1名创始人）

续表

案例	资料收集方法和数据来源
"Flowershop Abtswoude（绽放养老院）" 跨代际共居的空间与服务	桌面调研 观察（三次活动） 面对面访谈（1名管理人员+1名活跃用户）
"Connected Resources（资源互联）" 物联网智慧家居系统	桌面调研 访谈（1名项目负责人）
"Rio Vivido（活跃里约）" 老年人为游客提供招待和导游的服务	桌面调研 聆听设计者的报告 邮件访谈（咨询）
"Experience Corps（经验队）" 老年人帮助儿童阅读的志愿服务	桌面调研

以"老小孩"为例，案例涉及的某一内容可以同时在3个不同的材料源找到佐证，如下表所示的3个材料分别来自"老小孩"项目的官方宣传资料、对"老小孩"的用户访谈和对"老小孩"项目经理的访谈（表5.3）。

表5.3　资料收集的三角验证示例

材料内容	内容出处
"老小孩互助六合院"是以6个人为1个小组，按照"学习互助""健康互助""生活互助"3个类别，由"老小孩"网络社区提供平台和资源，采用积分管理制度，为老年人之间提供经验分享、互帮互助、答疑解惑的抱团养老模式	官方宣传资料
"六合院"是很受用的，"六合院"受用在什么地方呢？反应快，小而灵。一个是它反应快，第二个是大家住得比较近，马上就能做出反应，比如有什么事情或者什么情况一下就可以做出反应了，对吧	用户访谈
第二个核心模块就是"六合院"，是一种组织形式，6个人是1个组织，它要囊括的是整个小圈子中的人，发挥整个圈子的握拳的力量，让他们不用去担心自己家庭的子女或者其他没有伙伴失独的老人。他们的心理上有一种孤独感，能让他们聚在一起，成为一个朋友圈。无论是线上还是线下，随叫随到，互相帮助	产品经理访谈

（三）数据分析方法

数据分析参考手段—目的链理论进行。手段—目的链（The means-end Chain，MEC）是市场营销和广告宣传领域的研究方法，1982年由Gutman提出（Gutman，1982）。手段—目的链理论认为消

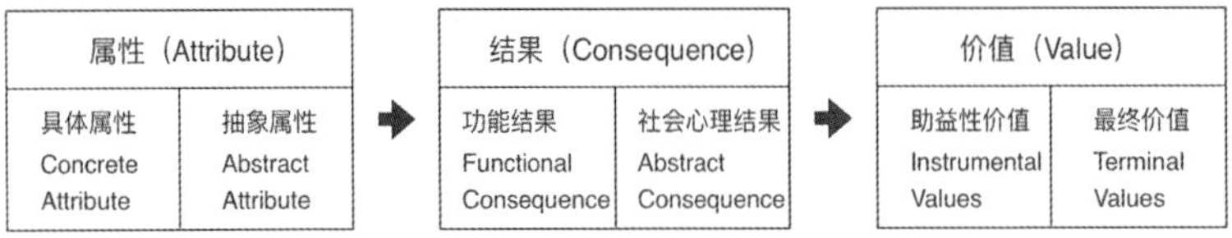

属性（Attribute）		→	结果（Consequence）		→	价值（Value）	
具体属性 Concrete Attribute	抽象属性 Abstract Attribute		功能结果 Functional Consequence	社会心理结果 Abstract Consequence		助益性价值 Instrumental Values	最终价值 Terminal Values

图5.1　手段—目的链模型（来源：杨青红和杨同宇，2013）

费者通常将产品或服务的属性视为手段，通过属性产生的利益来实现其消费的最终目的。如图5.1所示，MEC包含3个层次，第一层次是产品和服务的属性（Attribute），包含有形的或无形的产品特点；第二层次是产品和服务属性所带来的结果（Consequence），包含功能性的结果和社会心理结果，其中社会心理结果是更抽象的结果；第三层次则是这些结果所带来的具体价值（Value），是消费者消费产品和服务的目的，包含助益性的价值和最终价值（Rokeach，1973），最终价值可以是快乐、安全和实现等。在这一方法中，手段带来的结果（Consequence）是连接属性和价值的桥梁（杨青红和杨同宇，2013），三者共同构成了属性—结果—价值（A–C–V）的手段—目的链理论，用以描述不同的产品属性是如何直接或间接地创造价值的。手段—目的链理论还提供了可视化的层级价值地图（Hierarchical Value Map）工具，该工具通过产品属性、结果和价值之间的连线来表达概念之间的联系。手段—目的链理论最初应用在传统的产品上，如食品、日用品、服饰等，后来逐渐扩展到其他交互产品和服务上，如移动社交产品（邓学平等，2016）、博物馆解说服务（杨鑫，2012）等。

手段—目的链理论应用于设计研究的具体方法可以参考Wiese，Pohlmeyer和Hekkert（2019）的研究，该研究探索了产品的体验特性是如何帮助人们产生持久的幸福体验的。该研究根据研究的主题对MEC模型结构进行调整，将属性、结果、价值3个层次调整为具体属性、体验属性、动机（体验属性激发的直接动机）、活

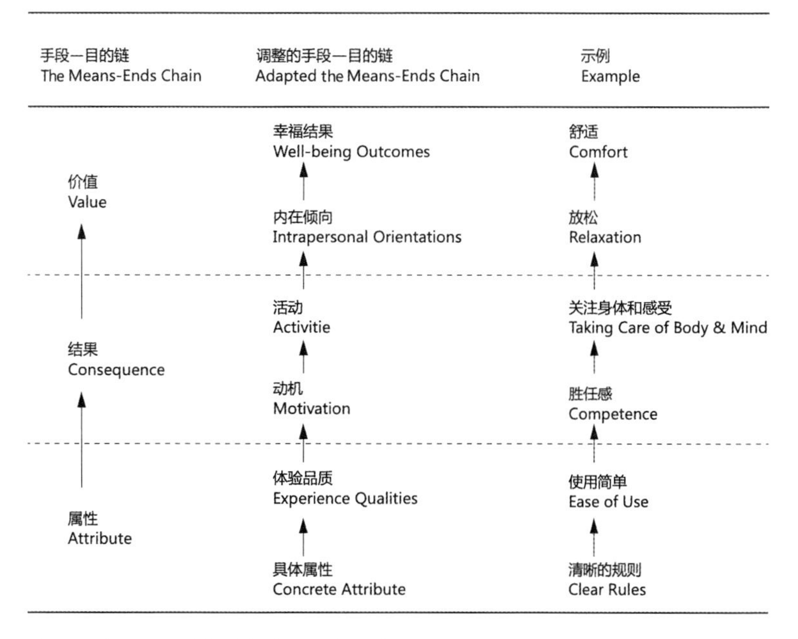

图5.2 手段—目的链分析方法示例（来源：Wiese，Pohlmeyer & Hekkert，2019）

动（产品介导的活动）、内在心理倾向和幸福结果6个层次。数据来源于对健康应用用户的访谈，数据分析首先将访谈的结果进行编码，产生分属于6个层次的40个编码，接着按照如图5.2所示的结构对这个概念编码进行一一对应，形成一条条手段—目的链条。接下来通过含义矩阵计算访谈中由每个下级概念产生上一级结果的具体次数，最后对这些量化的结果通过层级价值地图进行可视化，体现不同概念之间因果关系的强度。

本研究着重探索设计赋能的具体设计形式如何通过赋能的设计特征引发特定的用户活动从而对用户赋能。基于手段—目的链模型的框架，本研究结合研究目标对链条的结构进行调整，结合第三章形成的赋能的3个理解层次（图3.3）和设计赋能积极老龄化的理论框架（图3.8），调整为赋能方式（Empowerment Means，EM）—赋能特征（Empowerment Feature，EF）—用户活动（User Activity，UA）—赋能结

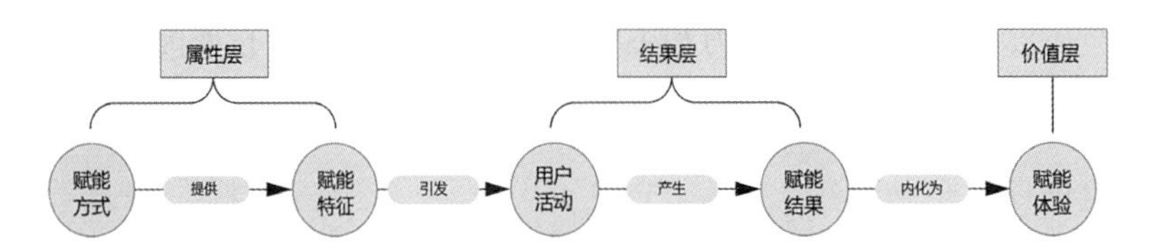

图5.3　设计赋能的手段—目的链结构

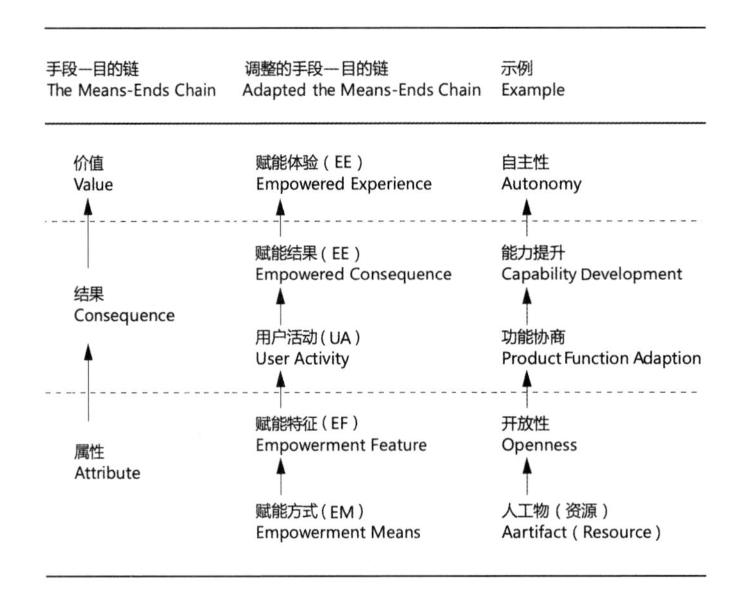

图5.4　本研究应用手段—目的链方法的具体调整和示例

果（Empowered Consequence，EC）—赋能体验（Empowered Experience，EE）的手段—目的链结构（图5.3），赋能方式指的是赋能设计干预的具体方式，赋能特征指的是设计物可被用户感知的特征，这两个要素构成了属性层；用户活动和赋能结果构成了结果层，其中用户活动是产生赋能结果的直接起因，赋能结果指的是用户活动对用户赋能的具体影响；赋能体验对应价值层，指的是用户被赋能的心理体验，反映了用户内在的价值需求。图5.4给出了在该手段—目的链结构下的示例。

文献研究给出了赋能的六种心理体验（包含意义感、影响力、自主性、胜任感、恢复力和关联感），构成了赋能的心理价值。其他4个层次的概念则是通过对原始数据进行编码聚类而来的。原始数据采用案例序号（1，2，3…）+文档类型（A，B，C…）+自然序号（1，2，3…）的编码方式进行编码，见表5.4。

表5.4　案例研究的编码方式

资料来源	编码					
	老小孩	安好老年	绽放养老院	资源互联	活跃里约	经验队
文档（官网或第三方报道）	1A	2A	3A	4A	5A	6A
用户访谈	1B	2B	3B	4B	5B	6B
设计师管理者访谈/反馈	1C	2C	3C	4C	5C	6C
观察者观察笔记	1D	2D	3D	4D	5D	6D

数据分析参考扎根理论的开放性译码（周文辉，2015）的程序，并紧密关照赋能方式、赋能特征、用户活动、赋能结果4个类别，对编码的材料进行标签化，再对标签进行进一步概念化，表5.5给出了资料—标签化—概念化—范畴化的示例。数据分析共产生10个赋能方式的具体表现形式、8个赋能特征、8个用户活动和五种赋能结果，引入前文所述的六种赋能体验，就形成了37个范畴（表5.5），分析过程的示例如表5.6所示。

表5.5　案例研究的37个范畴列表

赋能方式	赋能特征	用户活动	赋能结果	赋能体验
操作工具 物理资源 支持设施 角色设定 激励机制 关系结构 活动接触 信息获取 话语表达 信息沟通	易用性 开放性 响应性 兼容性 包容性 连通性 匹配性 激发性	功能协商 工具应用 活动参与 人际互动 人际协作 志愿服务 技能学习 个人展示	能力提升 社会融入 社会支持 社会奖赏 健康收益	自主性 胜任感 意义感 影响力 恢复力 关联感

表5.6　原始资料的编码分析举例

案例原始资料	标签化	概念化	范畴化
1C—5首先有一个管理“六合院”的团队，会让各个院子能够互通，而不是说院子是独立的，同时线下又会有各个社区，还是回归到社区。（项目经理访谈）	虚拟院子之间相互连通	人际互联	EF连通性
2C—7Agewells（老年志愿者的称呼）只是老年人，他（她）们不是医生，也不是护士，他们不理解发生了什么。但是通过算法，我们会生成转诊建议，并发给社会工作者或者护士。他（她）们知道谁需要干预。如果有老人需要去医院，而没有去医院，Agewells可以把这个情况报告给作为项目经理的“照护协调人”，他们会收到转诊建议的信息。（项目创始人访谈）	Agewells输入的信息可以发送给健康协调者，并连接到其他社区和医疗资源	资源互联	
4A—2一旦被使用，组件就开始学习它们被配置的方式。通过一个线上平台，他们鼓励老年人从其他人的使用策略中相互学习，并发现新的使用方法。基于各个家庭各种不同的使用方式数据产生的洞察鼓励老年人的创造力和使用策略，使得组件有了“机智”的适应性。（官方文档）	老年人使用智能组件的方式都可以在网上分享，相互学习	信息互通和共享	
1C—3然后会接入“六合院”的这种概念，把这东西做成6个人，怎么样让他们进入，然后还有院长这些虚拟的身份，这些都属于线上这一块的，而线下呢我们会有专门管理“六合院”这方面的组织团队。（项目创始人访谈）	每一个“六合院”设置一位院长作为管理者	管理角色	EM角色设定
2A—14通过和社区组织的合作关系，AgeWell招募能力较强的老年人成为陪伴者，这些人被称为“AgeWells”。（官网介绍）	将老年志愿者称为Agewells表示成功老化的人	积极的称谓	
2C—3将老年人作为专业人员，给予他们专业人员的工作。我是医生，大家对我充满了爱戴和尊重。当有人通过这种方式成为专业人员，这些都会伴随着人的头衔而来。啊，你是AgeWell，太棒了！突然你创造出一个20分钟之前还没有的身份。（创始人访谈）	赋予普通老年人专业医护人员的工作	专业性角色	
6C—1这个项目在小学为老年人创建了新的生产性角色。（研究者自述）	树立老年人生产性角色	生产性角色	
5C—8老年人会培训如何使用他们的家庭空间和解决问题的个人技巧。这包含如何基于他们自己的个人故事和生活在里约热内卢的故事和客人交换体验。（设计师汇报）	老年人学习家庭空间使用和解决问题的技巧	技能学习	UA技能学习
6A—6 志愿者会获得30个小时的技能培训，鼓励他们灵活思维、学会协调、践行视觉空间学习和解决问题。（世卫组织报告）	老年人参与技能培训	技能培训	

接下来的步骤参考扎根理论的主轴性译码和手段—目的链理论进行。主轴性译码是为了发现和建立主要范畴间的联系，从而展现资料中各部分的有机关联。Strauss和Corbin提出的范式模型（Paradigm Mode1）主要是分析现象/条件/背景、行动与互动的策略和结果之间所体现的逻辑关系，而本研究则是在手段—目的链理论的逻辑下，分析各链条之间的联系，形成赋能方式—赋能特征—用户活动—赋能结果—赋能体验的链式关系。众多的关系链条通过手段—目的链理论的层级价值地图的方式呈现（图5.5），层级价值地图展示了设计赋能的具体方式是如何使老年人产生赋能的心理体验的。

接下来，笔者将以图中**绿色**圆圈和**绿色**线条连接的两条路径为例来说明层级价值地图是如何形成的（表5.7）。本章第三节将详细呈现数据分析的结果。

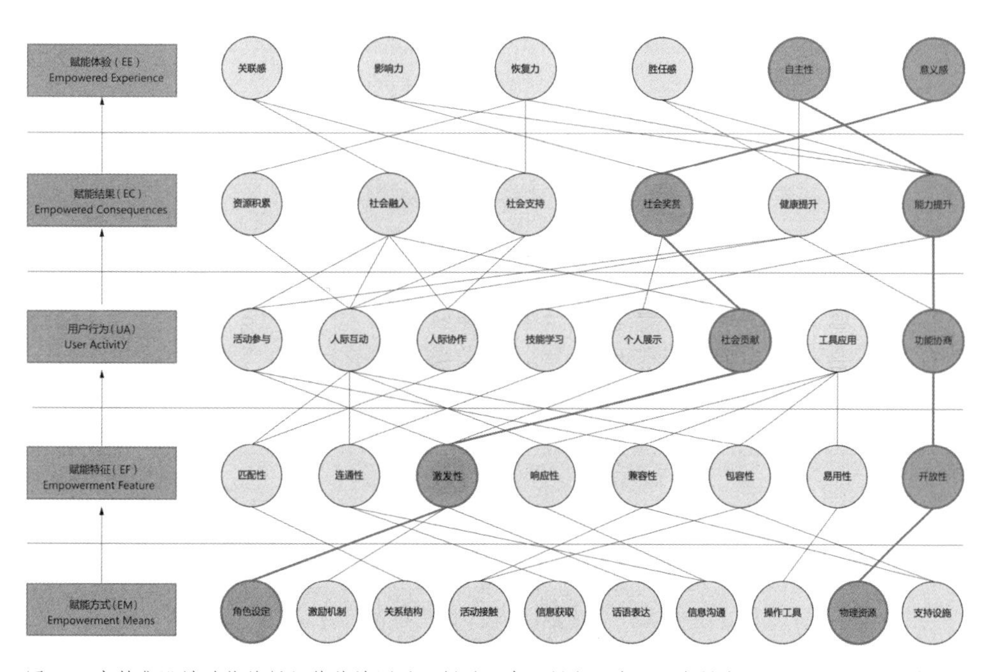

图5.5　老龄化设计赋能的层级价值地图及示例（图中用绿色示意了两条链条，下文将给出详细解析）

表5.7 赋能的手段—目的链链条示例阐释

示例关系链条一：角色设定—激发性—社会贡献—社会奖赏—意义感
AgeWell项目赋予健康老人能参与到健康医疗专业领域的专业性角色，并赋予他们“Agewells”的称谓。这一角色的设定具有积极的和富有使命感的含义，具有激发性的特征。Agewells受这一角色带来的使命感所驱使参与到社会贡献的行动中，与年长的社会隔离的老人结对，对其进行上门访问和健康筛查。这一活动取得了积极的效果，得到了人们的尊重和赞誉，Agewells因此得到了社会奖赏，感觉到自己的行为产生了社会价值，因此产生了“意义感”
示例关系链条二：物理资源—开放性—功能协商—能力提升—自主性
Connected Resources物联网智慧家居系统提供的人工物以物联网组件的形式呈现，这些组件在功能上具有开放性的特征，每一个组件本身具备一定的基础功能，但在何种场景下使用、怎样配合其他物件使用、解决何种问题具有开放性，用户也可以根据自身的需要对组件进行组合，产生新的功能。人机协商的过程中用户解决问题的能力得到了提升，用户可以根据自身的智慧独立地解决生活中的问题，如将发光架与日历结合可以提醒老人们重要的纪念日，用户因此产生“自主性”的心理体验

5.2 积极老龄化设计案例

（一）“老小孩”：互助养老服务平台

“老小孩”是一个以科技助老为出发点的互助养老服务平台，平台提供了线上的网络社区和线下的老年人互动活动。线上的“老小孩”网络社区包含两个核心功能：“讲述”和“六合院”（图5.6的网站截图）。“讲述”类似于博客的功能，老年会员可以在博客上抒发感想、分享观点。一位老年会员表示他的成长经历了新中国成立至今的诸多变化，他希望通过“讲述”把这些留下来。这些“讲述”的内容形成了社会的宝贵财富。每日生成的博文由老年志愿者审核并发布，因此可以把博客看作是一个老年人自治的平台。“六合院”是一个以6人为单位，基于地理位置和兴趣组建的群组，会员可以在线上“六合院”里发布自己的问题，寻求帮助，这些请求可以在“六合院”的圈子里得到回复和解决，增强了老年人群体解决问题的合力。

“老小孩”线下有两个重要的模块：聚乐部和志愿者总队。聚乐部主要为会员们组织活动，包含娱乐性的表演和社交性的聚会，

图5.6 “老小孩”线上平台（来源：“老小孩”网络平台的截图）

“老小孩”会员可以在活动中展示自我，拓展社交网络。志愿者总队也是由老年人会员组成，主要面向社会开展志愿服务，志愿服务项目包含较年轻的老年人为较年长的老年人教授微信和支付宝等新技术使用、对有认知症风险的老年人进行早期筛查等。这些活动一方面促进了老年人会员的互动，另一方面还给老年人提供了继续发挥余热的机会。图5.7展示了“老小孩”的聚乐部活动和志愿者服务。针对志愿者的不同能力，老小孩提供了不同形式的志愿服务，比如能力较弱的老年人可以在活动中做签到的服务，而科技使用经验丰富的老年人则可担任授课老师对其他老年人进行培训。志愿者服务的转化采用时间银行的机制，将志愿服务时间转换为积分，积分可在商城兑换生活物品，这也激励了志愿者的参与。

图5.7 “老小孩”的聚乐部活动和志愿者服务（来源：“老小孩”的官方宣传材料）

图5.8 AgeWell项目的朋辈互助服务、志愿者培训和健康筛查app

（二）AgeWell（安好老年）：健康提升朋辈互助系统

“AgeWell（安好老年）”是南非开普敦一个关注老年人健康的朋辈互助产品服务系统设计项目。项目的主要形式是吸纳和雇佣能力较强的退休或半退休老年人（被称为Agewells），为能力较弱并在一定程度上被社会隔离的老年人通过家访提供陪伴和情感支持。在上门家访的同时收集受访对象的健康信息，为医疗卫生部门的健康服务提供信息上的支持。Agewells和服务对象的匹配是基于彼此相似的经历和爱好，以保证结对的老年人能建立良好的关系，图5.8展示了结对老年人互动的情形。

为方便健康信息的收集，该项目为Agewells提供了智能手机和专门设计的手机应用程序，应用程序提供了简单的界面形式和内容（图5.8最右侧图片），Agewells只需要针对20个观察和20个问题在应用中提供YES 或者NO的选择就可以完成信息收集。算法通过对输入的信息进行计算，就可以识别老年人早期的潜在健康风险，这些信息会发送到由专业的医护人员担任的健康协调者处。健康协调员会根据健康信息给出具体的医疗服务和其他服务建议，并连接相应的服务资源。

项目之初还会对Agewells进行专业的培训和项目启动活动（图5.8中间图片），Agewells在培训中结识新的“同事”，获得新的社会关系和社会资源。Agewells在通过帮助他人和贡献社会中获得了意义感、影响力和胜任力等赋能体验，同时学习、决策和社交能力也得到了提升，其中就包含使用智能手机等新技术的技能提升。该项目被证明Agewells的上门访问为医疗卫生系统节约了大量的开支，也使得接受上门服务的老年人获得了健康收益，包含身体灵敏度、持久力以及睡眠和紧张度方面的改善以及社区感的增强。

（三）Flowershop Abtswoude（绽放养老院）：跨背景共居的空间与服务

“Flowershop Abtswoude（绽放养老院）”是荷兰一个老年人、学生和社会边缘人群共居的项目。该项目是由柏林工业大学建筑学的专家发起的“Home，not Shelter（家，不是庇护所）”计划的一个子项目。该项目的愿景是住房不仅仅是住所，而且是城市和社区融合的一部分。该项目对荷兰代尔夫特一个老年护理中心进行改造，将一楼的空间改造成一个大型的公共活动空间，并将其命名为社区起居室（Living Room）。起居室中包含厨房、吧台、餐厅、图书馆、音乐厅和前后花园等，空间和家具灵活多变，为社区居民和住户互动提供了多种的可能性。

该项目关注通过艺术的刺激促进跨年龄和跨背景的互动，在该

图5.9　Flowershop Abtswoude的Living Room和艺术活动（来源：笔者拍摄）

空间组织过的艺术项目包含音乐服装秀、摄影、编织展览和涂鸦等（部分活动如图5.9的展示）。在这个项目中，较为健康和活跃的老年人在项目的资源协调、组织和参与中发挥了巨大的作用，而其他老年人也在活动参与中展示了自己的才华，和社区居民、学生以及其他社会边缘人士建立了联系。起居室每周都会在固定的时间提供餐食服务，在这一天，社区居民和一些老年住户会来这里聚会，拓展友谊。起居室还提供了艺术画廊的功能，老年人可以将自己的画作和其他编织艺术品放在起居室展示。

这一项目还提供了一个线上的网站（图5.10），住户可以在网站上查询和报名参加起居室的活动，住户还可以在线申请组织活动，活动得到审批后，项目委员会还会提供一定的资金支持活动的开展。

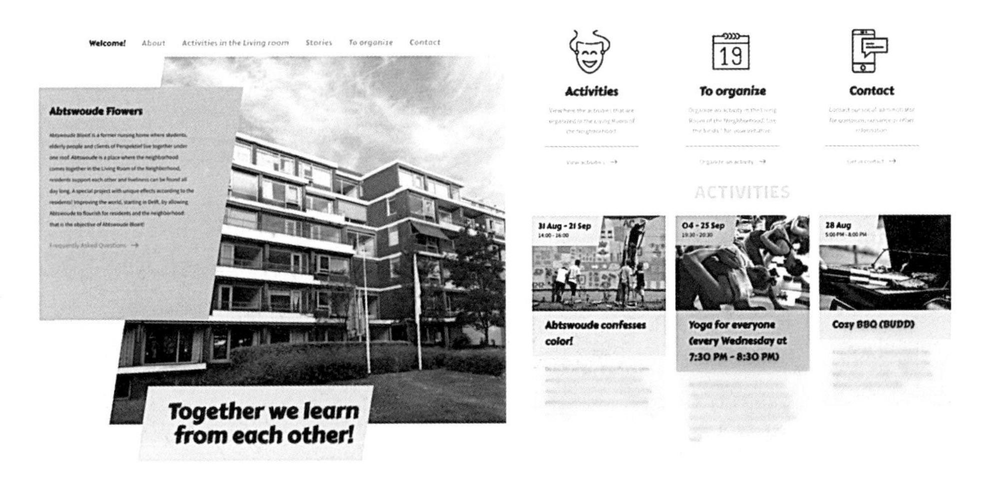

图5.10　Flowershop Abtswoude的网站平台提供活动列表和活动组织入口

（四）Connected Resources（资源互联）：物联网智慧家居系统

“Connected Resources（资源互联）”物联网智慧家居系统是代尔夫特理工大学Giaccardi教授主持的荷兰国家科研项目的产出。该项目通过用户访谈和观察收集了老年人在生活中创造性地改造和使用物品的行为（如图5.11所示，使用橡皮筋闭合橱柜门、利用磁铁收纳金属小物件等），归纳出老年人在生活中的物品使用方式和智慧，在此基础上设计了开放的物联网组件和组件间的结合方式，支持老年人的日常使用。

该设计包含4个不同功能的组件（Massaging Bell，Lighting Clip，Linking Frame，Navigating Compass）和在线平台。每一个组件都可以作为输入组件和输出组件，4个组件随意组合可以形成十六种功能，用户可以根据生活场景对组件进行任意组合，以帮助老人策略性地解决生活中的问题。比如把信息铃和发光夹组合在一起，这样在铃声响的时候，发光夹就会闪动，听觉和视觉的双重提醒可以在

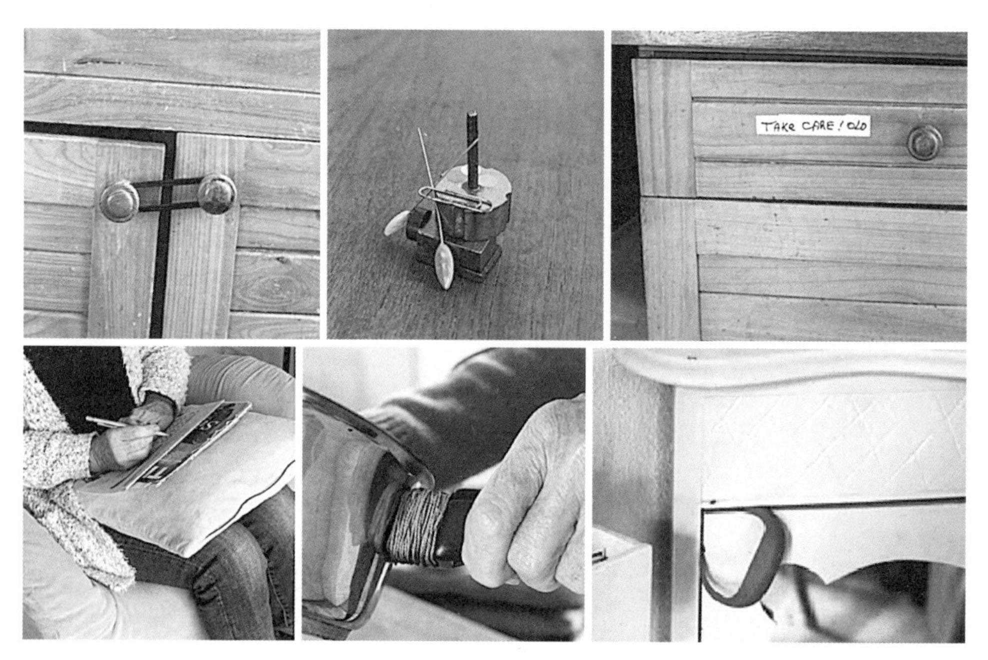

图5.11　老年人日常使用物品的智慧（来源：Giaccardi & Nicenboim，2018）

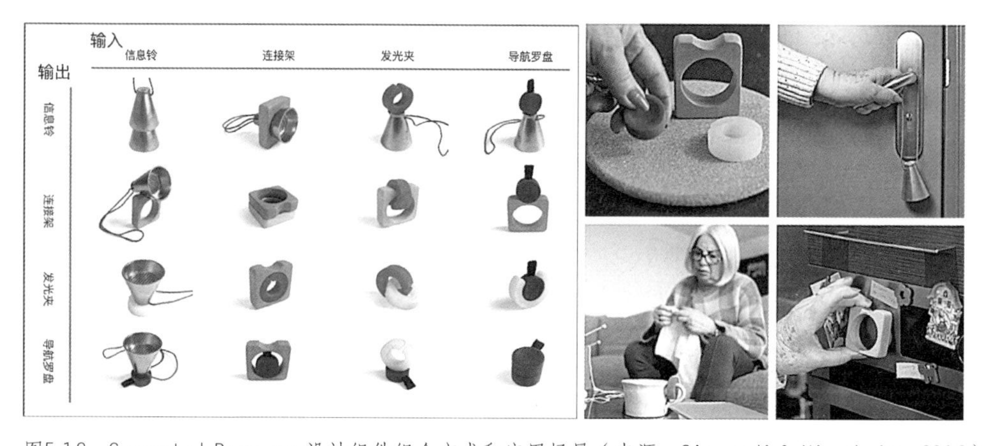

图5.12　Connected Resources设计组件组合方式和应用场景（来源：Giaccardi & Nicenboim，2018）

特定情形下增强提醒（图5.12）。老年人还可以把发光的组件夹在日历上，提醒老年人关注特殊的日期。组件设计用简单熟悉的造型使得用户可以自信地使用新科技，造型上的嵌合为用户的主动组合发出邀请信号，有趣的造型使得用户愿意尝试新的组合形式。组件命名采用动名词+名词的方式，比如Lighting Clip（发光夹），动名词提示了产品的功能，而名词提供了一种使用方式的隐喻，这使得产品的功能和使用方式更加易于理解。此外，支持算法可以智能地学习用户对产品的使用方式，并在系统里形成可供其他用户参考的使用方式组合，用户可以在系统里学习其他人的使用方式，并激发自身的创造力。

（五）Rio Vivido（活力里约）：老年人为游客提供招待和导游的服务

"Rio Vivido（活力里约）"是巴西里约热内卢推进积极老龄化的一个城市建设项目。该项目支持老年人在家中招待外来游客（图5.13）。项目将老年人与城市有关的故事和阅历视为里约文化遗产的一部分，鼓励老年人通过家庭招待和导游服务向游客深度展示城市的历史与文化。该项目提供了一个在线服务平台，老年人可以在平台上和游客互动、联系并达成协议，老年人在服务平台上

图5.13 Rio Vivido项目中老年人在家中招待游客

的操作以及在导游过程中的记忆和语言交流帮助其学习了新技能，促进了认知能力的训练，同时老年人在与游客的互动中减少了社会隔离和孤独感。此外，老年人还可以获得额外的收入。而游客通过与当地社区的互动深度领略了当地的文化，获得了独特的旅游体验。两个人群在互动中加强了跨代际的互动和团结，创造了双赢的结果。

（六）Experience Corps（经验队）：老年人帮助儿童阅读的志愿服务

“Experience Corps（经验队）”是一个老年人帮助儿童阅读的志愿服务项目（图5.14）。在该项目中，老年志愿者进入公立小学和老师协作帮助儿童提高阅读能力和课堂表现，并向儿童分享自己的人生经历。每所参与项目的学校分配7—10名志愿者组成团队，以确保他们能在各个年级发挥作用。团队会定期参加培训，定期会面，共同分享服务过程中的问题。项目之初，志愿者会获得30个小时的技能培训，培训的目的在于鼓励他们灵活思维、学会协调、进行视觉空间学习等。参与项目也刺激了老年志愿者的体育活动，包括在学校走动和上下楼梯等。

该项目创造了一个四赢的局面：志愿者在参与培训和与其他志愿者进行社交的过程中获得了社会互动和社会支持，在培训过程中

图5.14 “Experience Corps（经验队）”志愿者辅导儿童阅读

获得了能力提升，在服务过程中还得到认知能力的锻炼和体育锻炼，取得了良好的健康收益，服务结果的积极反馈也使他们获得了尊重和成就感。对项目结果的测评显示这一志愿服务对提高学生的阅读能力和学习成绩有显著的影响。通过项目学校的老师也获得了有力的支持。对于社区而言，该项目促进了社区融合，强化了社区社会资产。

5.3 导向积极老龄化的设计赋能方式

前文初步呈现了数据分析的结果，包含赋能方式、赋能特征、用户活动、赋能结果和赋能体验在内的37个范畴以及这些范畴之间的相互关系，揭示了设计产出是如何赋能用户的。其中设计赋能的具体形式、设计系统和活动的赋能特征构成了赋能的属性层；用户活动和赋能结果构成了结果层；赋能体验体现的是用户被赋能的心理价值。下文将详细展示这些要素对应的具体范畴。在对结果的陈述中，笔者试图联系已有的理论，理解案例中体现出这些范畴的合理性和背后的原理，同时也将联系老年人这一特定的群体做解释，具体条目的形成是通过研究的原始资料概括而成的。由于原始编码较冗长，本章将在正文中引出原始编码的编号，具体的编码内容将在附录1中详细呈现。

（一）赋能方式总览

对案例进行分析一共产生了十种有关设计赋能方式的具体形式，表5.8展示了这10个条目所传达的设计赋能方式在6个案例中的具体表现。这10个范畴又进一步可以分为4个类别，分别是动机赋能、关系赋能、人工物赋能和信息赋能四种赋能方式。图5.15展示了四种方式下的十种具体赋能形式。下面将对这十种设计赋能形式进行详细介绍，并着重阐述每种赋能形式对于老年人这一群体的特殊意义。

表5.8　设计赋能方式和具体内容

		老小孩	安好老年 AgeWell	绽放养老院 Flowershop Abtswoude	智慧互联 Connected Resources	活力里约 Rio Vivido	经验队 Experience Corps
角色设定		• “六合院”院长 • 志愿者服务总队队长 • 博文审核员	• Agewells	/	/	• 文化遗产 “Cultural Heritage”	• “经验队（Experience Corps）”角色 • 辅助性角色
激励机制		• 积分管理制度 • 时间银行制度	• 收入	• 组织活动的资金支持	/	• 收入	• 激励性补偿 “Reimbursement Incentive”
关系结构		• “六合院”互助团体 • 志愿者团队	• 健康老人与更年长老人的结对 • 老年志愿者与健康协调员	• 老年人、学生与社会边缘人士共居	/	• 历史城市老年人与外地游客	• 老年人与小学生 • 老年人组成的志愿者团队 • 老年人与学校老师
活动接触	技能培训	• 特定服务任务的培训	• 服务任务的知识培训 • 人际交流能力的培训 • 智能手机使用培训	/	/	• 利用家庭空间的培训 • 解决问题能力培训 • 服务网络平台使用技能培训	• 30个小时的技能培训——鼓励他们灵活思维、学会协调、践行视觉空间学习和解决问题
	服务任务	• 新技术使用教学 • 早期认知筛查	• 上门对存在社会隔离风险的人进行健康筛查和情感陪伴	/	/	• 在家中招待游客	• 帮助儿童阅读
	展示活动	• 演出活动 • 兴趣班执教	/	• 艺术画廊 • 音乐服装秀	/	/	/
物理资源		/	/	• 开放的空间和家具资源	• 物联网功能模块组件	/	/
操作工具		• 认知症筛查App	• 健康筛查App	/	/	/	• 支持儿童阅读的工具
支持设施		• 线下活动场所	• 对录入的健康信息进行计算并转诊的算法	• 空间营造	• 智能学习算法	/	/
信息沟通		• 网站平台—六合院可发出求助	/	• 发起活动的网站平台	/	• 服务平台（可以和游客沟通）	/
话语表达		• 网站平台—“讲述”功能	/	/	• 分享自己的组件组合方案	• 向游客说出自己与城市有关的故事	• 与儿童分享自己的人生经历
信息获取		/	/	• 活动信息的展示	• 其他老年人的解决方法分享	/	/

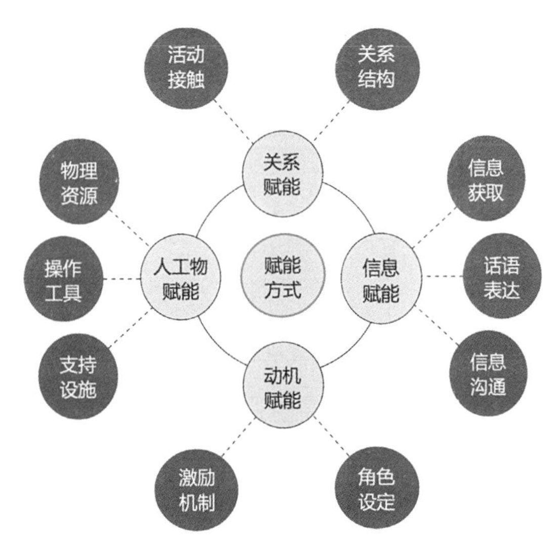

图5.15　设计赋能的四种方式和十种具体形式（来源：笔者自绘）

（二）动机赋能

动机赋能包含角色设定和激励机制两种形式。

角色设定——老龄社会学的角色理论认为，老年人种种不利情形的出现主要是由于老年人的角色中断，或角色丧失造成的（王瑞鸿，2007：378）。老化的过程伴随着退休和亲人离世等变故，个体与社会互动关系发生根本变化，随之带来职业角色和社会角色中断。老年人在失去职业角色的同时社会地位也随之下降，社会联系中断，与同事的联系和与工作有关的活动也随之丧失。老年人因此感觉失去自尊和胜任感（霍曼和基亚克，1992），社会角色的转变在老年人中形成退休震撼（Retirement Shock）。研究表明，离退休后有三分之一的老年人出现孤独、寂寞、失落、焦虑、抑郁和烦躁等负面情绪，有的伴有血压波动，食欲不振、睡眠不好和容易疲劳等不适，这被称为“离退休综合征”（王瑞鸿，2007）。老年人急需新的社会角色来填补这种失落感，因此在设计中为其塑造新的社会角色有助于老年人在社会生活中继续保持活跃。

案例中呈现了两种角色设定的考虑，一是产出性角色（Productive/Generative Roles），将老年人视作充满资源和能力对社会有积极贡献的角色。“老小孩”的案例设置了“六合院”院长、志愿者服务总队队长、博文审核员这些重要的角色。而在AgeWell案例将身体能力较好的老年志愿者称之为Agewells，赋予退休和无工作的老年人专业人员的角色，而这些角色同时也为老年人带来了社会尊重（编码：2C—3），对AgeWell项目创始人Mitch的访谈印证了这一点。Experience Corps案例同样将老年人视为在阅读方面有丰富经历的人，将其称之为“Experience Corps”。Rio Vivido的项目则将老年人视为与城市相关的“文化遗产”，他们的生命历程见证了城市的变迁，该项目从历史的视角看待老年人的社会价值。这一视角将年龄的增长视作积极的值得珍视的因素。积极的角色可以强化老年人的社会参与和社会贡献的动机。

另一方面，Experience Corps案例还提示出老年人在整个服务中，应该扮演辅助性角色（Adjuvant Roles）。老年人在进入小学校园帮助小孩提升阅读能力的志愿服务中，并非取代小学老师的职责，而是与小学老师一起协作，扮演辅助性的角色。研究者认为这种辅助性的角色设定是项目成功的原因之一，它使得老年志愿者在校园里得到了老师的支持而非排斥（编码：6C—2）。

老龄化的理论和政策发展经历了不同的阶段，活动理论（Activity Theory）强调社会活动对老年人的重要性，因此发展出了生产性老龄（Productive Ageing）、积极老龄（Active Ageing）和老有所为的政策倡导。但是在此之前，社会疏离理论（Disengagement Theory）曾经被很多学者所倡导，他们认为让老年人以适当的方式从社会中逐步疏离是必要的（王瑞鸿，2007）。这一方面是由老年人身体机能的变化决定的，另一方面也体现了社会的需要，老年人在一定年龄后逐渐退出工作岗位可以使年轻人在得到充分训练后可以掌握权威（Achenbaum & Bengtson，1994）。因此老年人的社会参与设计需要考虑这方面的因素，这些有助于老年人在社会参与中和其他社会群体建立良好的协作关系。

激励机制——激励机制也可以强化参与者的内在动机。给予一定的收入或活动报销补偿是激励的一种方式，在Experience Corps中，研究者将这种补偿称之为激励性补偿（Reimbursement Incentive）。为了鼓励老年人自发组织活动，Flowershop Abtswoude给予活动组织者资金上的支持，其他的志愿服务项目也给出了交通报销和少量经济报酬作为激励，这些补偿表达了对老年人社会贡献的认可（编码：6C—5）。

"老小孩"案例中则采用积分管理制度和时间银行机制，在"六合院"中认领任务并完成任务的成员可以获得对应的积分奖励。"老小孩"和京东、美团等合作，将一些临期的产品作为积分奖励的实物，老年人可以用参与志愿服务获得的积分兑换这些实物（编码：1C—6）。时间银行也会帮助把他们的服务兑换成时间上的价值，老年人通过参与志愿服务也可以兑换等量价值的其他服务（编码：1C—4）。

激励机制针对老年群体而言并不具有特异性，在很多针对其他群体的游戏设计上，激励机制同样是设计的重点。

（三）关系赋能

关系赋能包含关系结构设计和活动接触设计。

关系结构——新的社会角色可以为老年人带来新的社会互动，帮助其建立新的社会关系，反过来，新的社会关系也会帮助老年人承接新的社会角色。从社会关系入手，需要考虑如何建立有效的关系匹配。案例研究中提示出关系匹配中的两种考量，一是基于共同的背景、经历和诉求建立朋辈互助/自助的同质关系，二是基于差异性的能力和需求建立协作互补的异质关系。可以将同质关系下的社会互动称之为同质互动，将异质关系下的社会互动称之为异质互动。社会资本理论对同质互动和异质互动的原理进行了说明，其中同质互动可参考同质原则，该原则建立在对友谊和联系的关系类型的研究上，认为社会互动倾向于在有相似的社会生活和社会经济特征的个体之间产生，互动可以增进感情、共享资源；而在异质互动中，参与者之间的资源差异较大，可在互动中获得更多异质性的资源（林南，2005）。

案例显示，互助/自助的同质关系主要在老年人群体内实现，而协作互补的异质关系既可以在老年群体内部的不同能力（或其他因素）组实现，也可以在老年人和其他年龄群体之间实现跨年龄共融。这两种关系如图5.16所示。6个案例中有5个案例为老年人建立了新的关系结构，Connected Resources案例主要关注用户和物联网组件及信息平台的关系，没有涉及人际间关系的建立。

“老小孩”、“Flowershop Abtswoude（绽放养老院）”和Experience Corps的案例中体现了同质性的互助/自助关系。“老小孩”的核心功能“六合院”就是以6个人为1个小组进行经验分享、互帮互助、答疑解惑的团体，包含“学习互助”“健康互助”“生活互助”三大互助类别。老年人基于相似的兴趣、相近的地理位置等同质

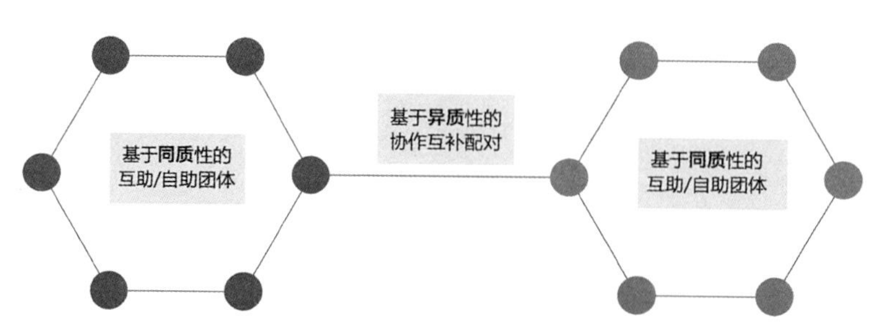

图5.16　基于同质性和异质性的两种关系结构（来源：笔者自绘）

性的因素组成一个团体，共同解决生活问题，互助学习新技能。Flowershop Abtswoude则是在老年人、年轻学生和社会边缘人士之间建立联系。在该项目中，老年人在荷兰国家政策从机构养老到居家养老的变化中慢慢失去养老院养老的机会，而学生因学生宿舍紧张难以找到住房，社会边缘人士（包含从监狱里出来或者从戒毒所出来）无法找到合适住处，他们之间因为共同的住房诉求而走到了一起。Experience Corps案例则是在志愿者之间建立小组，共同进入同一个学校，志愿者之间会定期见面制定计划、解决志愿服务中遇到的问题，提高团队的行动力（编码：6C—4）。

“老小孩”、AgeWell、Rio Vivido和Experience Corps中体现了异质性的协作互补关系。“老小孩”在科技接受较强的老年人志愿者和科技接受较弱的社区老年人中建立了联系，社区老人希望获得科技使用能力的提升，志愿者希望发挥余热；AgeWell则是在身体活动能力、认知能力较强的老年人和身体较弱、社会隔离的老年人之间建立联系，社区隔离的老年人希望获得健康服务，Agewells希望获得一定的收入和社会尊重；Rio Vivido在具有本地历史记忆的老年人和外地想要了解城市记忆的年轻游客之间建立联系，老年人渴望分享自己的故事，而外地游客则希望获得本地化的旅游体验；Experience Corps除了建立了志愿者之间的互助/自助团队，其核心主要是搭建具备阅读能力的老年志愿者和阅读能力较差家庭（主要是移民家庭）的小学生之间的联系，Experience Corps希望贡献自己的价值，而阅读能力较差的学生的老师则希望提升学生的阅读能力。设计识别了不同人群之间差异性的能力、技能、经验和互补的需求，基于此建立了不同团体之间的联系。

Agewells在志愿者和结对对象的匹配中同时考虑了同质性和异质性的因素。除了能力差异使得一方可以帮助另外一方，设计者设定了基于两者共同的性别、语言、兴趣等背景的匹配机制（编码：2C—10），从而使匹配的双方可以形成稳固的关系，以帮助在一定程度面临社会隔离的老年人可以重新融入社会。

活动接触——活动理论是老龄化政策发展的重要理论基础。活动理论强调社会活动对老年人的重要性。以活动为关注的研究也为设计奠定了重要的理论基础。诺曼提出了以活动为中心的设计方法（Activity-Centered Design，ACD）（朱丽萍、伟伟和李永锋，2017），荷兰的学者认为产品所介导的活动才是获得可持续福祉的途径（Wiese，Pohlmeyer & Hekkert，2019）。通过案例研究发现，以活动为媒介，老年人获得了更多的人际接触和互动，从而增加了社会融入感和关联感。案例研究的结果显示对老年人赋能的活动主要分为三类，包括以自我提升为目的的技能培训活动、关注社会贡献的社会服务活动、关注老年人个人表达的展示活动。

第一类活动是技能培训活动。这些活动提供了用户某一领域的知识，提升了用户完成特定任务的技能，帮助用户在志愿服务中获得胜任感。同时培训活动还涉及一些通用的技能，如AgeWell、Experience Corps、Rio Vivido项目提供的培训包含团队合作能力、解决问题的能力、人际沟通能力、智能手机使用的能力，这些通用技能的培训也提高了用户在生活中的自主性。AgeWell的创始人在访谈中提到对Agewells进行智能手机培训为老年人打开了"潘多拉魔盒"，为他们"开启了新世界的大门"（编码：2C—2）。

第二类活动是志愿服务活动。志愿服务活动促进了老年人新的社会角色的实现，帮助老年人赢得了社会尊重和自我实现。无论是帮助儿童阅读的Experience Corps、还是对社会隔离的老年人进行健康筛查的AgeWell项目都使得老年志愿者在活动中实践了新的角色。这些活动被证明对被服务对象产生了积极的、可量化的影响，Experience Corps的帮助让阅读困难的学生大幅提升了阅读成绩，也对学生个人的人生起到了积极的影响，而AgeWell的健康筛查工作大大降低了当地的公共卫生支出。这些积极影响强化了老年人的意义感，弥补了社会角色中断带来的失落感。

第三类活动是个人展示活动。个人展示活动为老年人提供了展示的舞台。“老小孩”的线下活动负责人在访谈中表示“老小孩”线下活动最重要的功能就是给老年人“搭台”。老年人的线下兴趣班由有不同特长的老年人执教，也为老年人的技能展示提供了机会。而荷兰Flowershop Abtswoude的项目以艺术作为激活社区活力的途径，为老年人组织了服装设计、模特表演和墙绘创作的展示性活动，在空间设计上还留有老年人艺术作品展示的空间，对于社区而言，这些活动以老年参与者为中心激活了社区的活力，对于老年人自身而言满足了老年人的表现欲，增强了其自身的生命活力。

（四）人工物赋能

人工物赋能是通过设计具体的人工物支持用户在日常生活和工作中解决问题，对案例中不同的设计产物的形式进行分类，可以将人工物分为工具、资源和设施三种形式。这三种命名形式参考了技术哲学家伯格曼（Borgmann，1984）对物（Things）和设备（Device）的区分、吉奥卡迪（Giaccardi，2018）对资源（Resource）和曼奇尼对设施（Infrastructure）的说法。在伯格曼看来，设备主要提供可用性，“它是即时的、普遍的、安全的和方便的”，而物需要人的参与。“工具”与“设备”的特性相近，在设计语境下更利于理解，因此本文用“工具”一词来表达“设备”之意。吉奥卡迪教授在老年人赋能的项目中强调通过开放的资源（Resource）形式使老年人参与到人—物的协商中。在这里，资源就是伯格曼所说的物，因此本文将这一类开放的物称之为资源。曼奇尼在社会创新导论中提出了设施化这一概念，指的是设计支持参与者发挥能动性的外在条件。设施不是用户手中可供用户操纵的物资或设备，是以一种背景的形式存在。后现象学哲学家唐·伊德（Don lhde）归纳出人与技术/工具的四种关系，其中一种是背景关系，即技术退到背后起作用（Van Den Eede，2015）。支持设施对老年人的赋能方式就如同唐·伊德所说的背景一般，可以通过如下举例区分工具、资源和设施之间的关系：手机属于工具，乐高属于物资，而网络属于设施。

操作工具——在AgeWell案例中，为支持老年志愿者对结对老人进行健康筛查，设计团队开发了专门用于健康信息收集的手机应用，该应用由20个观察和20个问答构成，并给每个志愿者提供了安装了此应用的手机，志愿者只需要打开应用就每个条目回答“是”或“否”就可以完成健康筛查，简单易操作，又能满足特定的“可用性”，因此可将其称之为工具。其本身功能完备，老年用户无须耗费过多的心智努力就可以完成特定的任务。老化过程中伴随着认知能力的下降，老年人在完成某些复杂的任务时面临着挑战，对老年人提供特定设备和工具支持有助于帮助他们参与到更有贡献、更加专业化的工作，从而提升老年人的胜任感和影响力。

开放资源——这里强调资源的物理形式，与后文将要提到的社会资源做区分。资源最重要的特点是开放性，给用户留有人—物协商的空间，使得用户可以根据自身需要和特定的场景对资源进行组合、调整和再设计。Connected Resources智慧老龄案例就是以开放资源作为核心的设计策略。设计提供了形式简单、功能单一的4个物联网组件，4个组件分别具有发光、发声、定位导航和连接的功能，用户可以根据自身的需要对组件进行重新组合，创造新的功能。如听力功能下降的用户为了确保快递人员敲门时不错过信息，将发声的铃铛组件和发光的组件进行功能组合，将铃铛放在门把手处，放大敲门声；同时将发光组件置于眼前，提供视觉的同步提醒。组建成了用户手中可灵活支配和调用的资源，用户在功能协商和创造中获得了自主性的表达，同时也可以针对自身特定的状况和需求解决自身的问题。

支持设施——作为背景的设施虽然不易察觉，但是在赋能用户时同样扮演着重要的角色。在AgeWell案例中，对Agewells采集的健康信息进行运算，并给出专业反馈的算法就属于设施的范畴。用户虽然感受不到算法的存在，但是算法在背后完成的工作使得老年人可以扮演专业健康工作者的角色，而不仅仅是一个信息输入者。而Connected Resources智慧老龄案例中的物联网系统也在背后默默学习和记录用户改造组件的应用场景，形成可供用户参考的巨大的智慧库。因此，作为设施的赋能物在弱化自己在场的同时，放大了老年人的能力，并扩大了老年用户能力的应用场景。

（五）信息（话语）赋能

老化的过程伴随着老年人社会角色的丧失，伴随着特定社会角色的话语权也随之减少。技术的发展和新媒介的涌现，也在年轻人和老年人以及老年人和外部世界之间架起了一道数字鸿沟（胡文静等，2019），老年人面临着信息稀缺和信息失衡的现状，学者们将其称之为“银色数字鸿沟”（王吉和潘彬，2013）。老年人面临着知情权和话语权的丧失，因此，信息（话语）赋能对老年人有独特的意义。将老年人和外部世界作为信息的发送者和接受者，信息赋能包含3个类别，一是提供老年人信息接收的通道，即信息获取赋能；二是提供老年人信息发送的通道，即话语表达赋能；三是保障老年人与外部世界双向的信息沟通通道，即信息沟通赋能（图5.17）。案例的研究结果显示出这三种赋能的具体形式。

信息获取通道——“Flowershop Abtswoude（养老院）”为所有住户提供了线上和线下的活动信息。在线上平台，“Flowershop

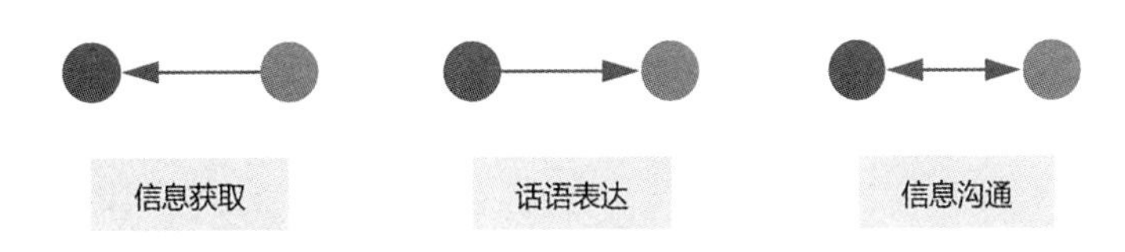

图5.17　三种信息赋能示意（来源：笔者自绘）

Abtswoude提供了类似课表形式的一周活动列表和过往活动的展示，每周的活动也会以活页、传单的形式在“Living Room”的空间里展示，通过多种渠道和形式，保障老年人信息获取的通畅性。而Connected Resources智慧老龄案例通过对老年人使用组件的方式进行学习，为老年人用户提供了汇集大量用户自主设计组件功能的参考，为老年人的学习和创意拓展提供了充分的参考信息。

话语表达通道——“老小孩”的“讲述”功能模块为老年用户提供了分享见闻、发表观点的平台。作为历史的亲历者，他（她）们见证了社会的变迁，如“改革开放四十年的社会变化”（编码：1C—8）；作为经历了不同人生阶段的“过来人”，他（她）们积累了丰富的人生经历，希望分享自己“对现在社会或者是家庭关系的看法”（编码：1C—7）。平台为这些有分享和表达诉求的人提供了通道。Rio Vivido的案例同样关注老年人与城市有关记忆的故事表达，并将其作为项目的核心价值。老年人在与游客互动中可以分享这些故事。

信息沟通通道——“老小孩”用户通过“六合院”功能模块可以发布提问和求助，在“院子里”会得到即时的反馈和响应。参与Rio Vivido项目的老年人可以在服务平台沟通旅游招待的具体信息。信息的通达为老年人提供了生活上和具体事务上的便利。

四种赋能方式相互关联，其中动机赋能与关系赋能相对，动机赋能强调激励参与者的内在动机，而关系赋能则连接参与者的外部社会关系和资源。人工物赋能与信息赋能相对，人工物赋能强调设计以物质的方式为用户的功能实现提供支持，而信息赋能则强调支持形式的非物质性，如提供信息和老年群体话语表达的机会等，通过充分的传达和沟通让老年人得以掌管个人事物。激励（Motivate）、连接（Connect）、支持（Support）和传达（Communicate）构成了一个完整的赋能通路（图5.18）。

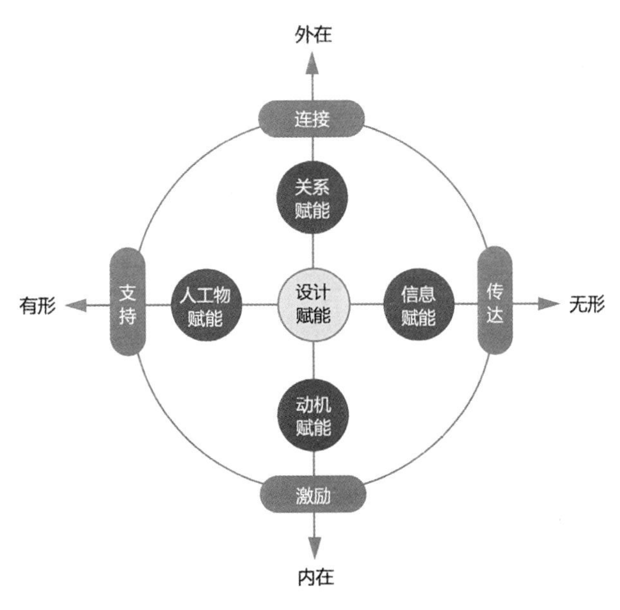

图5.18　四种设计赋能方式及其结构

5.4　小结

全球老龄化日益加剧，依靠外在的供给由国家和政府来提供福利已经无法满足日益增长的养老资源需求。设计师需要突破将设计作为外在机能补偿的认知桎梏，重新定义老龄化设计的新角色，探索如何通过设计促进用户自身的积极参与和福利创造，为积极养老提供解决方案。

本章研究在全球范围内收集了关注用户赋能的积极养老新兴实践，通过案例研究，总结归纳了设计赋能老年人群的四种具体方式，分别是动机赋能、关系赋能、人工物赋能和信息赋能。其中动机赋能是从内在的动机强化入手，激励老年人的参与和贡献；关系赋能则是从外在的关系入手，连接外部资源，增强老年群体解决问题创造福利的合力；人工物赋能是通过工具、资源和设施等不同形式的设计产物为老年人的活动提供支持；而信息赋能关注老年人知情权和话语权的实现，建立老年人和外部世界双向传达的机会。这四种赋能方式涵盖内在和外在、有形物和无形物的视角，一同构成了设计赋能老年人的系统策略——激励、连接、支持和传达，为积极老龄化设计提供了4个着力点，为设计促进积极老龄化的实现提供了参考。

参考文献

[1] 邓学平，杨毅，彭超．移动定位社交产品用户价值研究——基于手段—目的链视角[J]．重庆邮电大学学报（社会科学版），2016，28（4）：100–104.

[2] 胡文静，李梦涵，王晓珊，等．"银色浪潮"下的老年人新媒介素养分析[J]．东南传播，2019，（2）：111–113.

[3] 霍曼，基亚克．社会老年学：多学科展望[M]．冯韵文，屠敏珠，译．北京：社会科学文献出版社，1992.

[4] 林南．社会资本：关于社会结构与行动的理论[M]．上海：上海人民出版社，2005：38.

[5] 曼奇尼．设计，在人人设计的时代——社会创新设计导论[M]．钟芳，马谨，译．北京：电子工业出版社，2016.

[6] 王吉，潘彬．跨越银色数字鸿沟：老年人信息技术教育初探[J]．终身教育研究，2013，（2）：19–22.

[7] 王瑞鸿．人类行为与社会环境[M]．上海：华东理工大学出版社，2007.

[8] 杨青红，杨同宇．手段—目的链理论应用[J]．商业经济研究，2013，21：35–37.

[9] 杨鑫．基于"手段—目的"理论的综合性博物馆解说系统研究[D]．武汉：中南民族大学，2012.

[10] 周文辉．知识服务、价值共创与创新绩效——基于扎根理论

的多案例研究[J]．科学学研究，2015，33（4）：567–573+626.

[11] 朱丽萍，侍伟伟，李永锋．基于活动理论的老年人产品用户体验评价体系研究[J]．工业设计，2017，（6）：65–67.

[12] Achenbaum W A, Bengtson V L. Re–engaging the Disengagement Theory of Aging: On The History and Assessment of Theory Development in Gerontology[J]. *Gerontologist*, 1994, 34(6): 756–763.

[13] Borgmann A. *Technology and the character of contemporary life* [M]. Chicago: The University of Chicago Press, 1984: 3.

[14] Giaccardi E, Nicenboim I. *Resourceful Ageing: Empowering Older People to Age Resourcefully with the Internet of Things*[M]. Delft: Delft University of Technology, 2018.

[15] Gutman J. A means–end Chain Model Based on Consumer Categorization Processes[J]. *Journal of Marketing*, 1982, 46(2): 60–72.

[16] Rokeach M. *The Nature of Human Values*[M]. New York: Free Press, 1973.

[17] Van Den Eede Y. *Tracing the Tracker: A Postphenomenological Inquiry into Self-tracking Technologies*[M]. Lanham: Essays on Human–Technology Relations. Lexington Books, 2015.

[18] Wiese L, Pohlmeyer A, Hekkert P. *Activities as a Gateway to Sustained Subjective Well-being Mediated by Products*[C]. New York: ACM Press. 2019, PP. 85–97.

第6章
新品质：顺应与激励的平衡

第五章的案例研究重新定义了老龄化设计的角色，总结了四种设计赋能方式。这些赋能方式应该具备怎样的特征才能激发用户的参与呢？设计师应该如何去塑造设计产出的赋能品质呢？*Thoughtful Interaction Design*一书中明确提出“要发展一种设计的质量感就需要发展出一种（可以表达设计理念和设计属性的）语言”（Löwgren & Stolterman，2004）。一项交互设计的研究表明，将交互设计品质的属性词汇表（包含连续性、可预测性等）应用于交互设计实践和设计教学中能明显提高设计师的设计意识，改变设计师对交互设计的理解方式，对设计的结果有明显的提升（Lim et al.，2011）。因此，为了帮助设计师塑造老龄化设计的新品质，本章将建构有关设计赋能品质的词汇表。这也是对设计赋能框架中，设计作为外部资源的“赋能特征”的具体化。

6.1 赋能特征的初步总结

第五章的案例研究对设计产出的赋能特征进行归纳，并进一步聚类范畴化，共得到八种赋能特征，分别是易用性、开放性、需求响应性、经验兼容性、能力包容性、资源连通性、匹配性和激发性。表6.1将对这八种赋能特征进行简要解释。

表6.1　赋能特征词汇表（初步）

赋能特征	含义
易用性	设计系统容易使用的特征
开放性	设计系统提供开放的功能，以供用户根据自身需求进行磋商的特征
需求响应性	设计系统或系统之外的其他用户对用户的输入给出及时反馈的特征
能力包容性	设计系统或活动能同时包容尽可能多样化的用户能力，以支持较大范围的用户使用和参与的特征
经验兼容性	设计系统或活动与用户已有的认知经验和人生经验相契合的特征
资源连通性	设计系统或活动可以连接外部资源的特征
匹配性	互动的双方或多者在背景、经历和需求等方面能相互契合的特征
激发性	活动和任务能激发和鼓舞用户的参与动机，调动用户积极性的特征

易用性——老化的过程伴随着不同程度的认知能力的下降，因此设计系统的易用性对老年人有邀请性的作用，实体的组件可以通过简单熟悉的形态和使用方式的隐喻来降低老年人的使用难度。Connected Resources智慧互联案例中设计的物联网组件形态简单可相互嵌套，不同组件之间的尺寸关系可对用户的组合行为发出邀请。组件在命名上采用“动名词+名词隐喻”的方式，如报信铃（Messaging Bell）的动名词提示出产品的功能，而名词则给出了功能实现的方式，降低了用户学习使用的认知负荷。

对于科技接受水平相对较弱的老年人来说，电子化的产品更加需要提高易用性。在AgeWell案例中，用于健康筛查的定制化App通过对观察和提问的内容进行条理化和结构化的整理，并全部转换为只需要回答“是”或“否”的判断题形式，使得志愿者只需要简单培训就可以胜任这份工作。

开放性——前文对老龄化设计的批判认为简易化的操作存在致

使老年人能力退化的风险，因此设计在易用的同时还需要考虑增加用户使用过程的“认知努力”。开放性指的是设计系统提供开放的功能，以供用户根据自身需求进行磋商的特征。相较于预先设定好产品的使用功能，同时为用户留有可自由调整和再设计的空间有助于利用和激发用户自身的智慧。如果说易用性是从为老年用户面临的认知能力下降提供补偿的视角出发，那么开放性就是从用户在日常生活中经岁月累积起来的生活经验出发，为用户提供可供功能磋商和创造的原材料。Connected Resources项目的前期研究显示用户在日常生活中体现出对物品进行改造以适应自身需求的巨大创造力和问题解决能力，因此设计开放了产品所能提供功能的可能性和物理的使用场景。开放性的设计属性让用户参与到设计决策中，尊重用户的话语权和智慧。与此同时，在利用设计的开放性进行功能磋商的同时，老年用户也得到了认知能力的训练，延缓了老年人的认知衰退。

需求响应性——需求响应性指的是设计系统或系统之外的其他用户对用户的输入给出及时反馈的特征。以往的研究表明，用户赋能的程度是由用户与设计系统的感知（用户感知系统的特征和属性）和行动（用户对系统进行具体的交互行为）耦合中与反馈相关的概率密度决定的（Trendafilov，2015）。系统是否能在用户输入特定信息后给予符合用户心理预期的反馈，并激发下一次的行动是系统赋能程度的重要考量。“老小孩”案例中的“六合院”可以对用户的求助进行及时的响应，帮助用户解决问题（编码：1B—9），在设计之初，设计师就考虑到这种“小而美”的人际互助圈有助于对需求给予及时的反馈。AgeWell案例中的健康筛查App同样可以对老年志愿者的信息输入给出即时的信息反馈，提示结对对象需要进行的健康干预策略（编码：2A—17）。信息的即时响应增加了用户的控制感，并且鼓励用户进行下一次的交互。

能力包容性——能力包容性指的是设计系统或活动能同时包容尽可能多样化的用户能力，以支持较大范围的用户使用和参与的特征。

提升包容性可以通过提高多样化的选择来实现。在“老小孩”的志愿服务设计中，考虑到老年用户的能力差异性，该项目在活动中设置了适合不同专长和能力水平的岗位，比如对于有组织才能的老年志愿者可以让其担任活动的组织，对于能力较弱的老年人让其担任简单的签到工作（编号：1C—2）。Experience Corps在志愿服务设计中同样提供了多样化的角色，使得项目可以在美国具有很强的应用性。无论用户是什么背景、技能级别或者性别都可以获得参与的机会。设计提供了一个多样化的角色菜单（A Menu of Roles），角色的多样性匹配了多样化的用户兴趣和技能，增加了参与的包容性（编码：6C—6）。

经验兼容性——经验兼容性指的是设计系统或活动与用户已有的知识经验、认知习惯和人生体验相契合的特征。一项关注老年人科技接受的研究将经验兼容性特指新的技术是否与老年人已有的知识经验、认知体验、世界观相匹配，认为经验兼容性是影响老年人能否很快接受新技术新产品的重要因素之一（宫晓东，2014），该研究将经验兼容性特指人与技术系统的交互属性。上文提到的Connected Resources从用户自身的使用物品和改造物品的习惯出发进行组件结合方式的设计就体现了经验兼容性的特征。除此之外，在本研究中，经验兼容性还包含在人际协作中用户已有的经验是否与活动的目标相统一，是不是以用户的经验为出发点设计活动或服务的内容。Rio Vivido的服务系统设计就体现了这一点：以老年用户的城市历史记忆为出发点吸引对这些独特的体验感兴趣的游客。

资源连通性——资源连通性指的是设计系统或活动可以连接外部资源的特征。社会隔离是老化过程中可能面临的风险。一项调查表明英国75岁以上的老人有超过200万的人处于社会隔离的状态，100万以上的人报告自己超过一个月没有和任何人说话（AgeUK，2019）。缺少社会支持也可以作为老年人健康水平的重要预测因素（Tomaka，2006）。除了人际的隔离，信息的隔离也同样存在。本研究的结果显示案例在人际互联、信息互联和资源互联上有特别的考虑。Flowershop

Abtswoude 项目的Living Room的设计出发点就是连接社区住户和养老院的居民，通过每周定时提供的自助餐服务和不定期的活动，老年人建立了与不同社区、不同国家的年轻学生和有着多样化经历的社会边缘人士之间的联系。而Connected Resources的项目通过线上平台，使得老年用户可以学习到其他用户使用组件的创造性行为，线上平台提供的信息展示连通了老年人与外部世界，有助于减少社会隔离和孤独感。

匹配性——匹配性指的是活动中互动的双方或多者在背景、经历和需求等方面能相互契合的特征，这是人际互动的基础。在赋能方式的“关系赋能”一节介绍了同质互动原则，同质互动原则认为社会互动倾向于在有相似的社会生活和社会经济特征的个体之间产生。基于这一原则，对协作的双方进行匹配有助于建立良好的关系。案例中的人际互动和协作体现了匹配性的原则和特征。如AgeWell项目的志愿者与服务对象就是基于共同的兴趣、语言和经历进行结对的，这使得他们可以发展友谊、互相陪伴。其他的案例在“关系赋能”中也有体现，在此不一一赘述。

激发性——激发性指的是活动和任务能激发用户的参与动机，调动用户积极性的特征，主要指激励机制和角色设计应具备的特征。以往的研究指出老年人学习新事物的能力及好奇心都有所降低，对学习的必要性并不受到工作绩效等强制性因素的影响，其自愿性相较其他年龄段的用户不稳定（宫晓东，2014）。对应到具体活动和工作的参与同样不受工作绩效等强制性因素的影响，因此需要在设计中提供必要的激励。案例中提出了时间银行和积分管理制度的机制激励、物质激励，通过专业性的角色设定让其可以介入专业领域的工作的角色激励。

这些特征的总结有待进一步完善。接下来的两节将呈现笔者在不同的设计课程中以积极老龄化设计为目标，引入设计赋能，使其作为课程的理论输入，作为课程的助教或实践导师参与的项目。对项目结果的反思将进一步完善赋能特征的词汇表。

6.2 设计项目一：老年人参与社区自治的设计赋能

（一）设计背景和设计开展过程

上海杨浦区社区睦邻中心被称为百姓“家门口的会所”，是由社会组织运营、百姓自下而上参与自治的新兴社区治理平台（图6.1）。平台借由社会组织激发居民的自治兴趣，使社会组织成为政府和居民之间沟通协调的桥梁。从2012年第一家社区睦邻中心成立至今已建成近60家，目前已经成为社区跨年龄共融的活跃场所，老年人因为有更多的闲暇时间而成为活动于社区睦邻中心的积极分子。本项目旨在通过设计支持老年人参与社区睦邻中心的活动和管理。

以社区赋能为目标，课程中16组学生（每组2～3人）分别进入

图6.1　辽源西路睦邻中心（来源：张旻阳、张智怡）

选定的16个社区睦邻中心，以Fixperts项目的工作方式与工作人员和社区居民一起共同发现问题并提出设计解决方案。Fixperts是由英国设计师发起的一套通过共创解决问题的流程与方法，该方法要求设计师（Fixperts）在设计过程中把真实世界的用户专家纳入到设计的全过程，作为合作伙伴（Fix Partner）共同解决问题。

在课程中，设计小组实地考察16个社区睦邻中心，对社区睦邻中心的日常运营活动、老年志愿者和社区居民的活动参与情况、社区管理者及志愿者与社区居民的互动情况进行观察，并对管理者、志愿者和活动参与者进行访谈。在调研时，设计小组重点关注社区睦邻中心的硬件（活动设施和空间布局）和软件条件（人员和开展的活动），挖掘社区睦邻中心运营和使用中面临的问题。基于老龄化设计这一课题，设计小组重点关注社区睦邻中心针对老年人开展的活动与提供的服务，通过设计促进老年人的参与和社区睦邻中心的自治。

基于前期的研究，设计小组和社区睦邻中心的管理人员、老年志愿者和参与者一起进行协作设计，共同参与设计问题的定义和设计决策的过程。老年志愿者和参与者的积极性被激发，他们不同程度地参与了设计的过程。有的老年志愿者参与了设计方案的讨论，如退休前曾是结构设计师的老年志愿者参与了建模的过程，更多的老年人参与了设计方案的评估和反馈，体现了设计过程的赋能。在设计方案的推进中，笔者作为助教给学生输入设计赋能的理论和价值，强调赋能的资源视角和以活动为导向的理念，引导设计方案从激发老年人的主动参与入手，鼓励老年人发挥自身的能动性。

（二）设计产出

设计一共产生了16组设计方案，每一组设计方案都要求在社区睦邻中心验证、优化并实施。表6.2中的方案就是最终的实施结果。

表6.2　社区睦邻中心项目学生的设计方案

方案名称	方案简介	设计者
A1 特约参加	为扩大社区睦邻中心活动的参与范围，设计了一套活动邀请信和激励方式，通过插入老年人订阅的杂志来分发给他们，让老年人了解并参与到社区睦邻中心的活动中。邀请信中会附带活动体验卡、奖章、明信片、简易工具包、优惠券等，老年人可以相互传阅或赠送这些卡券，也可以发挥自己的一技之长来组织活动	Luca Piallini 顾丽雯 王楚
A2 盖个章吧	设计者组织了为自己喜爱的活动签字"盖章"的行动，帮助社区睦邻中心了解居民的偏好，从而使组织更受欢迎的活动	张智怡 张旻阳
A3 社区"英雄库"	利用社区周边的退休知识分子和技术人才，建立了一个包含十二种能力分类的社区人力资源系统，以弥补社区技术人员的不足。以"招募社区英雄"为名发布"英雄帖"招募具备不同技能的居民，建立"英雄库"（人才资源库）	陈依 袁雅婵
A4 故事分享板	通过一个照片展示墙和置物架的设计（形式上具有装饰性，内容上具有仪式感），让社区老年人可以分享和展示过往的照片和老年人自己的手作，一方面可以引发老人们的美好回忆，另一方面可以以此为媒介促进社区老年人之间的交流和对话，塑造社区的文化	刘盈 魏秋实 Luca Tajè
A5 兴趣可视化	通过可视化的方式让居民以毛线作为表达工具制作具备观赏性的编织作品，作品中毛线的疏密传达出老年居民不同兴趣的密集程度。社区睦邻中心的管理者可以从中挖掘居民的喜好，并基于此有针对性地开发、建设相应课程及活动，通过可视化的方式建立社区老年居民和社区管理者之间双向对话的机制，促进彼此之间进行艺术化的沟通	Christina Bauer 宋英子 万思敏
A6 老年志愿者教学卡	设计了一套智能手机操作的辅助教学卡片，教学卡片上展示了微信的核心功能供老年人学习时参阅。同时这套教学卡片上提供了个人信息页，页面上呈现了微信的几个核心功能项，老年学习者可以根据自己学习的进度对各个功能项进行自我评估，并张贴在学习进度墙上。通过这种方式老年学习者可以相互学习，从而减少对志愿者的依赖，提高学习的效率	陆子安 孟莉琴 Anna Rigillo
A7 共同编织	连接了社区老年人的编织技能和周边高校设计学生的设计创意，并设计了编织模板和手册。在活动过程中，老年人和学生利用编织模板，在有限的时间内共同协作完成编织作品。编织活动也能促进彼此的交流，让学生去体验老年人的经历，也让老年人从学生身上获得创意和编织材料上的支持	牛逸姜 鲍壹方
A8 彩绘安全楼道	通过在楼梯墙上增加儿童的涂鸦彩绘，为步行上楼的老年人提供可供欣赏的内容，减少老年人上楼的疲劳感，并加设紧急按铃，为其在紧急情况下提供求救的渠道	虞可馨 罗书敏 Sebastiano
A9 移动眼镜	通过在社区睦邻中心图书馆的书桌上安装可调节的放大镜，方便忘记戴老花镜的老年人阅读，为视力下降的老年人提供工具性的指示	刘颖 邱拓
A10 书法线上展	为了让外界尤其是社会企业了解并加入社区睦邻中心，以社区睦邻中心的书法特色为契机，利用在线平台展示和传播老年人的书法作品，以此吸引外界的关注和参与，增加老年人的社会连接机会和价值感	许静之 杨雪

续表

方案名称	方案简介	设计者
A11 跨年龄的视觉传达	为改变社区睦邻中心仅有的“为老服务”的印象，设计了更年轻化的视觉宣传海报，并介绍社区睦邻中心多样化的功能，以吸引不同年龄层的人的加入，促进跨年龄的共融	王宁 周超
A12 三维活动导视	为了清晰指示社区睦邻中心的空间及对应的功能、活动，设计了一个三维的导视图，便于居民快速找到自己想要参与活动的空间	张婉婷 邓天任
A13 方便架	为解决活动区参与者随身携带的衣物和水的放置以及安全性问题，设计了一个简易的架子，能同时满足挂衣帽和放水杯的问题	郝晓蒙 朱雪雯
A14 乒乓球室门	为一个包含乒乓球室和其他空间之间的通道设计了一个门，一方面可以挡球，另一方面方便人们通行	佘瀚林 叶丹雯
A15 简易鞋架	为解决社区睦邻中心儿童游乐区鞋子杂乱的问题，设计了一个利用重力支撑结构的简易鞋架，鞋架具有占地面积小的特点	陈红高 葛小藤
A16 共同协商	为缓和乒乓球爱好者和沪剧爱好者之间的矛盾，建立了一个双方协商、共情的机制，让彼此之间相互了解并理解	阮业鹏 刘馥欣

以上的设计方案都是基于某个特定的社区睦邻中心面临的具体问题和某一个特定社区的老年人的诉求而进行设计的，每一个社区睦邻中心的老年志愿者都贡献了自己独特的智慧。为了建立一个智慧共享的社区平台，笔者和导师设计了一套社区管理赋能的创新工具卡（图6.2）。该卡片是在梳理问题和解决方法的基础上形成的，涵盖了“空间”“设施”“活动”“人员”和“其他”五类，每一张卡片明确描述了某一类别下社区睦邻中心面临的具体问题、对应的解决方案，以及方案的提供者。这套工具卡片是集体智慧的体现，社区工作者和老年志愿者的参与帮助设计师定义问题，并产生了丰富的洞察。虽然每一张工具卡片上描述的问题来自于某一特定的社区睦邻中心，但是很多问题具备共性，因此，这套工具卡片可以帮助社区睦邻中心的工作人员创造性地解决日常运营中遇到的问题。以赋能为目标，创新工具卡旨在激活社区居民自身的创造力和行动力。在设计中，设计师在卡片后面留出了一些空白页，以供社区工作者日后补充发现的新问题和产生的新的解决方案。这套工具卡片在设计师撤离现场的时候能提供给社区工作者创新管理的工具和动

图6.2　赋能社区的创新工具卡

力，不同社区可以将此作为管理创新的交流媒介，通过卡片共享经验，普通居民作为非专业的管理人员可以参与到社区的管理中，通过这种方式全面提升社区居民的自治能力。这一设计连同“共同编织”的方案受邀在2019年“米兰三年展”上展出。

6.3　设计项目二：为退休老年人的社会连接而设计

（一）设计背景和设计开展过程

为“老年人的社会连接而设计”是在荷兰代尔夫特理工大学联合培养期间指导学生完成的课程设计，在《健康心理学》的课程中展开。课程由一位主讲老师（Lecturer）和四位实践导师（Coach）

作为教师团队展开课程教学。主讲老师的学术背景是心理学，主要在课程中完成健康心理学的理论知识教授，而实践导师由博士生担任，根据自己的博士课题给学生设置一个虚拟设计项目，并指导学生完成。在课程中，笔者指导其中一组学生完成设计。课题关注由退休带来的社会连接断裂问题，要求学生从赋能的视角出发建立老年人的社会连接，目标用户为关注退休五年内的荷兰老人。

课程时长为10周，每周实践导师需要就课题提供两个小时的指导。在设计前期，笔者给学生输入了赋能的设计理念，并提供设计赋能的案例给学生作为参考；在创意阶段，笔者给学生提供了老年人资源的“钻石模型”和以活动为导向的设计赋能视角，鼓励学生通过设计激发老年人的社会互动。

（二）设计产出

在设计过程中，学生提出了3组设计方案。方案一是以代尔夫特市的宜家家居卖场的早餐服务为切入点。研究发现宜家的餐厅为顾客提供了优质实惠的早餐，当地老年人喜欢到宜家就餐，并且这一活动成为老年人日常生活中很重要的一个部分。为了在就餐时激发老年人的社交互动，这一方案对宜家的餐盘进行再设计，以色彩标识不同的兴趣，老年人可以通过选择餐盘表达自己的兴趣，并吸引志同道合者。方案二是将老年人作为智慧顾问为年轻人提供就业和人生等特定问题的咨询。方案三是基于当地老年人热爱阅读的习惯展开的。学生在调研中发现社会连接的强度与老年人的兴趣相关，比如喜欢棋牌的老年人通常社交活跃，而热爱阅读的老年人通常独处的时间较多，长此以往容易造成社交隔离。基于此，学生提出了一个“分布式图书馆”的概念，命名为“Likebrary”。图书分布在老年人手中、社区和咖啡馆。热爱读书的老年人可以以阅读为媒介建立友谊，在实体书的相互借阅过程中增加身体活跃和社交活跃。通过对3个设计方案进行评估，最终选择第3个方案进行深化。

Likebrary是线上和线下相结合的图书阅读服务系统的设计，图书馆在咖啡厅、社区活动中心等地方提供老年人喜欢阅读的图书，老年人注册成为图书馆的会员之后就可以到这些地方进行免费借阅。老年人可以将自己的图书在系统中登记成为可借阅的图书，用户也可以在系统中搜索自己希望阅读的图书。图书在地图中标注具体位置，老年人就可以根据地理位置和自己的兴趣进行点击并借阅，分布在个人手中的图书可以在系统中预约当面取书。以共同爱好的书籍内容为媒介，老年人之间就可以产生共同话题，建立友谊，图6.3呈现了这一方案的用户旅程。

在分布式图书馆中，每个用户都有自己的主页（图6.4左），显示自己借阅过和借出的图书。用户可以对已借阅的图书进行评价，这可以帮助陌生的书友相互了解，提供线上“以书会友”的起点，

图6.3　Likebrary的用户旅程（来源：翁浩鑫、陈越、白洎民）

书评则可以作为碰面借阅时的话题。根据网站上以地图形式显示的图书位置，书友可以根据地理位置约见附近的人（图6.4右）。

为了鼓励线下的见面，促进线下的社交达成，线下的合作咖啡厅为老年人提供优惠券，吸引老年人在咖啡厅碰面。在咖啡厅里，Likebrary提供了一些造型和装饰特异的咖啡杯，这可以为首次见面的书友打开话题。图6.5呈现了线下见面的场景。

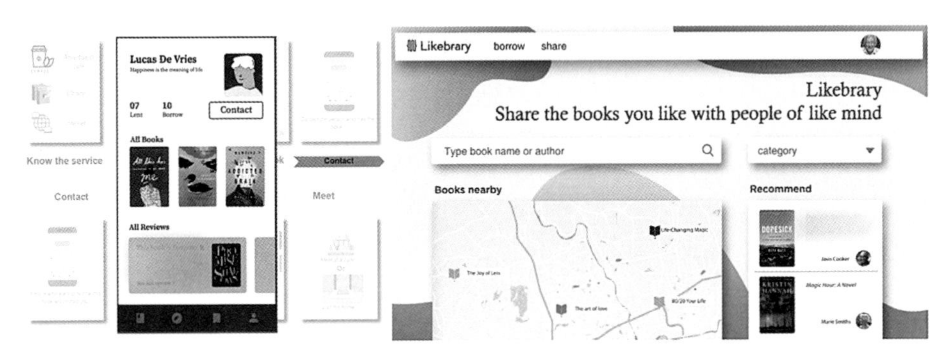

图6.4　网站主页（来源：翁浩鑫、陈越、白洎民）

图6.5　Likebrary书友线下见面的场景（来源：翁浩鑫、陈越、白洎民）

6.4 赋能特征的验证与优化

以上两个小节呈现了两个设计项目的过程和产出，项目中产生了丰富的设计方案，这些方案封装了设计知识，可以作为研究的材料，帮助研究者更深刻地理解设计结果赋能的特征。接下来的研究将以上两个设计课程中产生的设计案例作为研究对象，研究邀请了6名从事相关方向研究（社区营造、技术哲学、交互能动性、老龄化设计与系统设计）的设计研究人员（包含副教授1名，博士2名，研究生3名）参加工作坊，对设计对象的赋能特征进行提取和归纳，与前文多案例研究的结果进行对照，在此基础上对结果进行优化。图6.6呈现了工作坊的情形。

工作坊分为赋能特征提取与生成、赋能特征聚类与归纳以及生成词汇的阐释3个步骤。工作坊首先邀请参与者观看视频，逐个反思不同的设计提案为何可以赋能老年群体的设计品质，基于反思对设计提案的赋能特征进行解读提取，产生能描述赋能特征的形容词，特征提取参考感性意向理论体系（罗仕鉴和潘云鹤，2007）采用感性意向词汇（如“豪华的”“个性的”等形容词）对产品进行

图6.6 赋能设计属性提取工作坊（来源：笔者拍摄）

描述的方法。由于语言和词汇表达的难度，工作坊要求设计师可以同时采用中文和英文词汇辅助表达，力图找到最能准确传达意义的词汇。接着要求6名参与者分成两组对这些形容词进行卡片分类，对相近语义的词汇进行合并，对不同语义和同一面向的词汇进行聚类，产生更具概括性的形容词。两个小组互相阐述各自的形容词词汇，讨论产生更完备的赋能特征集，最后针对形容词特征集对工作坊参与者进行访谈，理解这些形容词所传达的具体意涵。

工作坊一共产生了91个形容词，参与者对相同和意义相近的词进行合并后一共产生36个词汇，进一步对这些词汇进行归纳，产生了包含10个概括性较高的特征词汇，分别是“易用性”“开放性”“兼容性”“激发性”“响应性”“连通性”“包容性”“生产性”“协作性”和“对抗性”。与案例研究中产生的设计特征进行比照，可以发现“对抗性”是一个新的属性词汇，这一词汇来源于对“共同编织”设计方案的解读。在该方案中，设计师在活动中对编织的茶杯垫进行评比，对优胜的结果进行奖励，通过竞争的机制激发老年人的创造欲与表现欲。“协作性”可以认为是对“匹配性”的扩展，“匹配性”原本指的就是人际协作过程中多方在能力与需求上的匹配。“生产性”与“激发性”的一种表现，“生产性”一词取自于“生产性老龄（Productive Ageing）”，是一种关注老年人价值生产的理念。积极的用户角色体现出来的设计特征就是“生产性”，如社区英雄库这一方案就是通过“英雄帖”赋予老年人社区参与和贡献的积极形象，激发老年人在社区自治中贡献自己的技能。“激发性”一词在这里指的是激发用户的潜能，鼓励用户尝试新的技术等，与“兼容性”所表达的设计干预给予用户已有的经验相对，而在此前案例研究中得到的“激发性”兼有“生产性”的意涵。

“易用性”和“开放性”这两个词汇体现了人工物对老年人赋能的两个不同面向，“易用性”是对老化过程中衰退的顺应和支持，通过提供确定的功能、简化的形式和可参考的模板，降低活

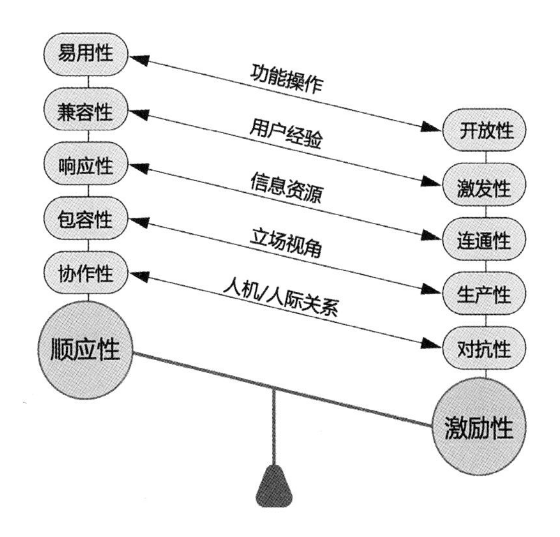

图6.7　设计赋能的5组特征（来源：笔者自绘）

动和行为的难度，通过提升胜任感来赋能。而“开放性”则相反，它认可老化的积极变化，对老年人的能力状态进行激发、调整和提升，让老年人在使用物品的时候最大程度地发挥自己的主观能动性和创意，设计过程提升了老年人的价值感。这一组充满矛盾性的词汇提示出好的设计应该在这两者之间找到平衡。由上述思考所激发，研究者对10个表达赋能品质的属性进行进一步比较，产生了“顺应性”和“激励性”两个大的赋能面向，图6.7通过天平的形式表达出设计需要在这两个面向中找到平衡的意涵。“顺应性”指的是设计顺应老化的生理变化，通过设计补偿老年人能力缺失的设计立场；而“激励性”则是从老年用户保持稳定的能力和积累的资源出发，试图通过设计激励用户积极调动自身资源、开发潜能、保持活跃、应对挑战。

表6.3详细地给出了两个面向下的设计特征的具体解释。具体而言，“易用性”和“开放性”体现在产品功能与操作上，“易用性”

指的是产品功能实现的易操作性，关注老年用户的胜任感，而“开放性”指的是功能实现的过程中给予老年用户较大的空间，用户可以根据自身需求，对产品进行情境化改造和再设计，从而得到认知能力的训练和提升；“兼容性”和“鼓舞性”对应的是用户经验，关注设计的产品或服务是否与老年人自身的经验相兼容，前者在于利用老年用户已有的经验，而后者关注开发用户新的潜能，创造新的体验；“响应性”与“连通性”对应的是如何处理信息和资源，响应性指的是信息和资源对用户需求的被动回应，而“连通性”指的是主动给用户提供通达的信息和资源；“包容性”的视角将用户视作能力下降因而需要设计降低能力需求以包容其使用，而“生产性”则是将用户视作能够产生积极贡献的产出性角色；“协作性”和“对抗性”表现在人机互动和人际互动中两者的关系上，前者指的是通过两两协作提高用户的行动力，而后者则是通过两两抗争，在抗争的过程中用户可以得到潜力的激发和能动性的表达。设计赋能的文献中提到一款老年陪护机器人的设计，该机器人在服务用户的同时，也会表现出“小情绪”，甚至罢工，老年人在与机器人进行“主动权”的抗争中获得了更真实的情感体验（张黎，2019）。功能操作、用户经验、信息资源、立场视角、人机/人际关系这5个维度构成了设计特征的调节砝码，而每个维度对应的特征词汇较为系统地描述了设计结果得以赋能用户的设计特征。

表6.3　促进赋能的设计特征解释

顺应性	含义	激励性	含义
易用性	设计系统容易使用的特征	开放性	设计系统提供开放的功能，以供用户根据自身需求进行磋商的特征
兼容性	设计系统或活动与用户已有的认知经验和人生经验的相融和契合的特征	激发性	活动和任务能激发用户参与动机，调动用户积极性的特征
响应性	设计系统及其他用户对用户的输入给出及时反馈的特征	连通性	设计系统或活动可以连接外部资源的特征

续表

顺应性	含义	激励性	含义
包容性	设计系统或活动能同时包容尽可能多样化的用户能力，以支持较大范围的用户使用和参与的特征	生产性	设计解决方案将用户视作能够产生积极贡献的产出性角色，并鼓励用户进行价值创造的特征
协作性	活动中互动的双方或多者在背景、经历和需求等方面能相互契合，能促进双方协作的特征	对抗性	设计系统激发人际间和用户与设计之间两两抗争，在抗争的过程中使用户可以得到潜力的激发和能动性表达的特征

案例研究产出的八种赋能特征和补充后的十种特征难以记忆，应用到设计中有一定的难度，工作坊的研究将十种赋能特征概括为“顺应性”和“激励性”两个关键性特征。这一结果一方面有助于设计师的理解和记忆，另一方面，这两个特征体现了用与设计之间的关系，可以帮助设计师明确设计赋能老年人群的立场。

长久以来，赋能作为设计领域日益热烈的讨论话题常常存在两种认识上的偏颇。一是把赋能作为一般性功能发挥的辅助，关注外部系统对个体的支持和顺应；二是强调个体批判意识觉醒的民主运动和设计行动主义，强调对自我和系统的挑战。对老龄化这一问题的回应也存在类似的偏颇：老龄福祉科技对用户的过度辅助和对老年人社会参与的过度激励。为了避免这一偏颇，设计师需要在设计前期理解设计赋能在不同维度上的二元性，辩证地理解老龄化设计赋能的干预立场和尺度，在“顺应”和“激励”中找到平衡。

6.5 小结

基于以上信息可知，老龄化设计不仅仅是对老化的功能的补偿，而且还要为老年群体赋能，因此设计就需要重新塑造老龄化干预的新品质。本章所产生的设计品质的词汇表为设计师提供了有关设计赋能的显性知识，让模糊的价值倡导在理解层面和实践层面发挥作用。针对老年人的设计赋能品质词汇表，一方面提供了具体的设计品质的参考，更为重要的是，它揭示出设计针对老龄化的干预实践要在“顺应”和“激励”两极上找到平衡，需要设计师在干预时一方面尊重老年人老化过程中客观的能力衰退，通过功能的易用性、经验的兼容性、人际的协作性等降低用户参与设计及社会互动的难度。同时也要意识到老年人在解决自身问题和社会问题上的能动性，设计可以设置开放性的功能、提供必要的能力培训和开发活动、建立可供磋商的对话机制，激励用户调动自身资源解决问题。在设计实践中，研究者可以用这个词汇表作为参考，对设计解决方案进行检视，平衡好对老年用户已有经验和能力的“顺应”和发展新潜能的“激励”。这既体现了老年用户对自我实现的需求，也是当下应对老龄化的挑战、建立一个全年龄段积极参与可持续社会建设的客观要求。

参考文献

[1] 宫晓东．老年人科技生活环境研究[D]．北京：北京理工大学，2014：98.

[2] 张黎．从计算到赋权：对抗性设计如何从知识构建行动[J]．南京艺术学院学报（美术与设计），2019，（1）：82–88.

[3] Ageuk, org. Uk, Combating Loneliness. https://www.ageuk.org.uk/information–advice/health–wellbeing/loneliness, 2019–12–12.

[4] Lim Y K, Lee S S, Kim D J. Interactivity Attributes for Expression–oriented Interaction Design[J]. *International Journal of Design*, 2011, 5(3): 113–128.

[5] Lowgren J, Stolterman E. *Thoughtful Interaction Design:* A Desige Perspective on Information Techwology[M]. Cambridge: Massachusetts Institute of Technology Press, 2004.

第7章
新工具：积极老龄化设计赋能方法

本研究通过文献研究法建立了一个设计赋能积极老龄化的理论框架。该框架包含用户资源和设计资源的3个核心要素：用户资源、赋能方式和赋能特征，第四、五、六章将以上3个要素进行了具体分析。这一方面为设计师进行老龄化设计注入了积极理解老年人的新观念，另一方面为设计师理解设计可以扮演的角色和如何进一步塑造设计的赋能品质提供了参考知识。在此基础上，如何将设计赋能积极老龄化的框架应用到具体的设计流程呢？研究还开发了一个“设计赋能积极老龄化”的流程和工具，并通过设计工作坊评估流程和工具的有效性和可操作性。

7.1 设计流程与方法概览

已有的研究提供了设计活动的完整流程。较有影响力的有由英国设计协会（Design Council）提出的双钻设计模型（The Double Diamond Model）和斯坦福大学设计学院（D. School）的设计思维（Design Thinking），这两个模型被广泛应用到业界的实际项目和设计

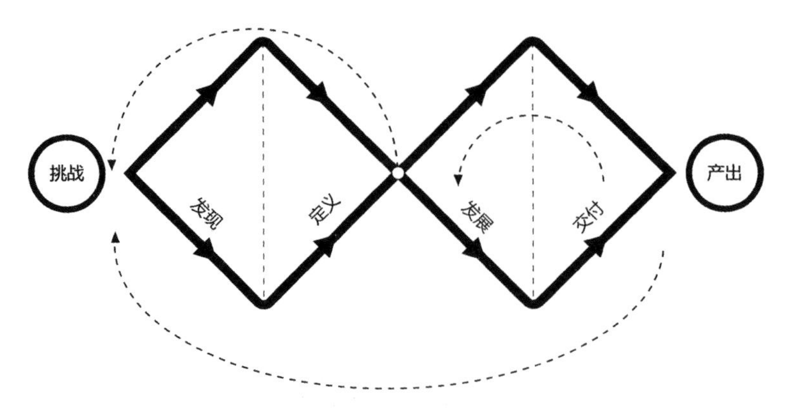

图7.1　英国设计委员会提出的双钻设计模型

教育中，具有很高的认可度。其中双钻设计模型将设计流程分为4个阶段，分别是发现（Discover）、定义（Define）、发展（Develop）和交付（Deliver）（图7.1）。在“发现”阶段，设计师探索新事物并获得洞察，在“定义”阶段，设计师从发现阶段中选取最有意义、最可行的部分形成明确的设计概要，而在“发展”阶段，设计师提出概念、制作原型、测试概念，并通过循环迭代不断试错，以精炼形成最终的解决方案，最后一个阶段是将前3个阶段的结果进行交付（袁姝，2017）。

设计思维则包含5个步骤，分别是共情（Empathy）、定义（Define）、构思（Ideate）、原型（Prototype）和测试（Test）（图7.2）。设计思维和双钻模型较大的差别体现在“发现”问题的阶段，采用的是“共情”。共情是个体感知和想象他人情感，并分享体验他人感受的心理过程（李博文，2020）。在设计中，共情是以用户为中心的设计（User-Centered Design，UCD）的基础。早期的研究者将共情引入到设计中，主张在用户研究中关注情境和个人体验，而非仅仅关注客观理性的数据（科斯基宁等，2011）。本研究在对老年人的

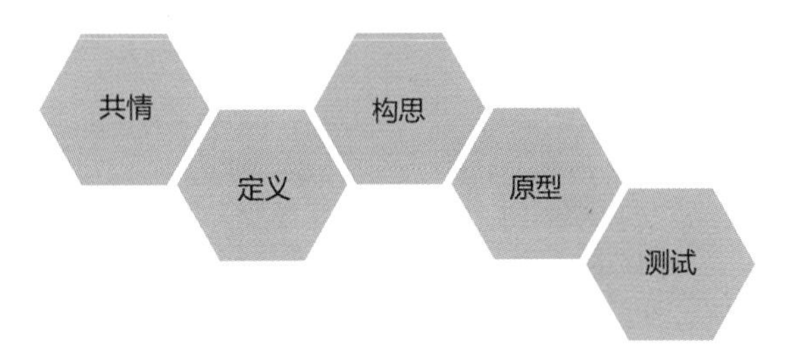

图7.2 斯坦福大学设计学院提出的“设计思维”流程

理解上同样关注老年人情境性的体验，而非本质主义的客观数据。因此在流程的改编上，本研究以设计思维的流程作为基础。

为了促进设计师对老年人的积极理解，笔者将设计思维流程的第一个阶段“共情”改编为积极共情。在心理学中，积极共情指的是个体对他人积极情绪状态的理解和间接分享（岳童和黄希庭，2016），是相对于消极共情而言的。已有的研究表明，对老年人的积极共情可以改变人们对老年人的刻板印象（李洪琴，2018）。因此在共情阶段，设计活动专注于促进设计师的积极共情。设计思维流程的第二处改编是将构思阶段细化为“设计构思”和“设计发展”两个阶段，这一改编是为了将赋能方式和赋能特征分别输入，分阶段强化设计师对赋能的理解。这样就形成了积极共情、问题定义、设计构思、设计发展、设计原型和评估优化（对应“测试”）6个阶段。笔者将本研究理论建构过程获得的用户资源、赋能方式和赋能特征，以及已有文献中赋能的心理体验设计成图文并茂的卡片（加封面、工具介绍、流程介绍共43张）作为启发和参考工具，分别导入到积极共情、设计构思、设计发展、评估优化这4个阶段。图7.3呈现了设计流程和其中4个阶段所对应的工具卡（第五阶段“设计原型”是动手做的环节，内容比较明确，因此没有提供这一阶段的流程指引模板）。

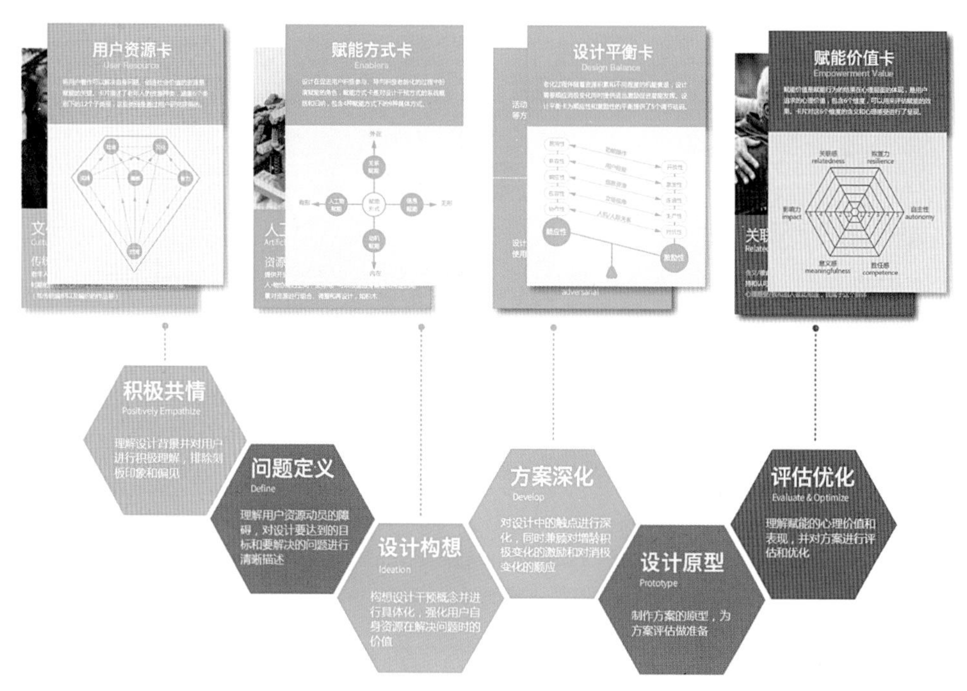

图7.3 “设计赋能积极老龄化”的流程与工具支持

为了引导设计团队独立使用流程和工具完成设计，笔者设计了一个包含工具卡、流程指引模板和工具使用手册的工具包。为了使用的方便，工具卡制作成A6的尺寸，颜色采用四种反差比较鲜明的颜色来区分4个类别，左上角打孔，用可开合的金属环串起来，方便查阅、取出和收纳，在使用中可以辅以流程的引导来推进设计过程。流程指引模板设计成A3的尺寸，内容包含每一阶段具体的任务、时间安排和可用来贴便签和草图表达的空白区域。下文将分4个小节来着重介绍输入设计工具的4个阶段的设计任务和工具卡在内容上的具体设计，工具使用手册是对流程和工具使用的说明（图7.4）。

图7.4 “设计赋能积极老龄化”纸质工具的照片

7.2 设计阶段与支持工具

(一)积极共情与用户资源卡

积极共情阶段的主要目的是启发设计师关注老化过程的积极变化和老年人的资源，改变设计师问题化的认知偏见。那么如何促进积极共情呢？Kouprie 和Sleeswijk Visser（2009）将共情的方法分为三类，第一类是面对面交流；第二类是在设计师无法与用户进行面对面接触时，由研究者采用视觉化技术向设计师交流用户研究数据，如讲故事、人物角色、故事板等；第三类方法是通过身体活动激起设计师与用户相似的体验，如角色扮演、身体原型（Experience

图7.5 用户资源卡的资源汇总卡片与资源条目卡片展示

Prototyping）和身体风暴（Bodystorming）等。

本研究在用户研究中获得了用户资源的类别和钻石资源模型，它们可以在设计师无法与用户接触时帮助建构对老年人的积极理解，因此在本阶段采用第二类共情方法：通过可视化技术，结合讲故事的方式在团队中分享对用户的积极理解。笔者将用户资源分类别在卡片上呈现，用文字介绍辅以带有积极意向的老年人图片来传达（图7.5），六类资源类别下十二类资源子类别连同钻石资源模型的总卡共13张，以启发设计师分享老年人带有积极倾向的故事。卡片所提供钻石资源模型可以传达正面积极的老年人形象，这六类资源为设计师理解老化的积极变化和老年人的价值提供了一个理解的框架，这一阶段旨在从资源（而非问题）的视角建立对老年人积极的共情。

“积极共情”之后是“问题定义”，问题定义是建立在用户理解基础上对设计应该解决什么问题的收敛，其目标是建立有意义且可行动的（Actionable）问题陈述（Problem Statement）（D School，2004）。为了定义问题，设计师需要进一步理解用户在日常生活中发挥这些资源的价值时的障碍。第三章有关赋能的文献研究中提供了一个由Fawcett等人（1994）发展出的赋能情境行为模型，该模型认为赋能的过程就是要强化用户自身的优势和资源，同时也需要扫除用户参与解决问题和保持活跃的障碍。而障碍可以从环境的外部障碍和个人的内在障碍两个方面来理解。老年人是历史的见证者，如何分享这些历史记忆，有可能的障碍是电子化的分享渠道为老年人设置的技术接受障碍等，这是外部障碍，而身体机能的衰退则属于内在障碍。因此，问题定义的流程指引模板提供了一个理解障碍的两个方向。理解了障碍之后，斯坦福大学的设计思维流程提供了收敛问题的方法，如POV（Point of View，观点）。POV方法包含3个要素：用户，需求和洞察。设计师可以通过这3个要素来聚焦问题陈述：谁（用户）有什么需求，我有什么洞察。设计思维还提出了“How Might We（我们该如何）…”的句式帮助清晰描述和聚焦问题。这一描述明确了该如何做的大致方向，是方案发散阶段的种子（D. School，2004）。本研究提出的设计流程的问题定义阶段借用了POV和“How Might We”方法，要求设计师用“我们该（如何）为（谁）做（什么）以达成（什么目标）”的句式进行清晰的问题陈述以定义问题。这一阶段采用已有的方法，没有提供专用的卡片作为参考。

（二）设计构想与赋能方式卡

设计构想阶段主要是为了启发用户赋能的思维，产生尽可能多的可以激励用户积极参与的概念，并形成系统化的设计方案来解决方法。概念发散过程要求设计师采用头脑风暴的方法思考哪些方式可以促进老年人的资源发挥优势，同时如何扫除参与过程可能的障碍。头脑风暴结束后，需要对概念进行评选。这一阶段的设计流程指引给设计师提供了3个评选标准，分别是：（1）是否有助于问题的解决和目标达成；（2）是否充分调动了用户自身能动性，利用了自身资源；（3）是否在解决自身问题的同时创造了新的社会价值。如在解决退休老年人的心理失落和社交隔离这一问题时，美国一个社会组织的做法是让老年人帮助社区内移民家庭的儿童阅读，在参与志愿活动的过程中，一方面为自身创造了社交机会，减少了孤独感；另一方面解决了移民家庭孩子的教育和文化融入的问题，创造了新的社会价值。而这一解决方案充分利用了具有一定文化程度的老年人的知识和阅读习惯这一自身资源。

根据上述标准评选出最优的概念之后，需要对概念进行具体化。这一阶段提供“赋能方式卡”（共12张）作为知识输入，让设计师理解设计可以从不同的视角提供设计支持，以激励老年人自身的能动性。赋能方式卡的总卡提供了一个理解设计赋能干预方式的系统性框架，赋能既可以从内在激发老年人的参与动机，也可以从外在关系的建构上提升老年人解决问题的合力；既可以提供有形物的支持，如工具和设施等，也可以提供无形的信息通道，保障老年人的话语权的实现等。而每一张具体条目的卡片是对可能的干预方式的展开介绍，并提供图片作为启发（图7.6）。

参考动机赋能、关系赋能、人工物赋能和信息赋能的四种方式，设计师对设计方案进行了充分的展开。接下来就需要设计师对这些从不同视角展开的设计思考进行整合，形成系统的解决方案，并进行设计传达。赋能方式卡涉及到不同的赋能方式，因此通过这种方法形成的设计方案可能是一个系统化的服务或产品服务系统。服务设计提供的用户旅程、系统图、故事版等设计表达方法可用于这一阶段进行设计的传达。

（三）设计深化与设计平衡卡

在形成系统的解决方案之后，如何对具体的设计细节进行深入

图7.6　赋能方式卡的汇总卡片与条目卡片展示

呢？此时需要研究者细致考虑用户在与某一细节（在服务设计中称之为触点）进行交互时有可能遇到的客观障碍。因此在设计深化的阶段，设计师就某一触点深化时需要同时考虑积极的资源和消极的障碍，设计一方面要去适应消极的变化；另外一方面要去激发用户利用自身资源去对抗不利因素，积极共情阶段和问题定义阶段对老年人的资源和障碍进行了描述，是这一阶段进行设计深化的基础。针对具体的触点，设计师需要对用户资源和环境及用户障碍进行具体化表达，对用户进行更深入的理解。

触点的深化设计需要设计师着重理解用户与设计的关系。本研究产出的赋能特征提供了“顺应性”和“激励性”两个倾向，并且提供了顺应消极变化和激励自身潜能发挥作用的5个维度。这5个维度提供了设计师调节“顺应性”和“激励性”平衡的5个砝码。为了形象传达设计深化过程平衡的调节，笔者将赋能特征的卡片称之

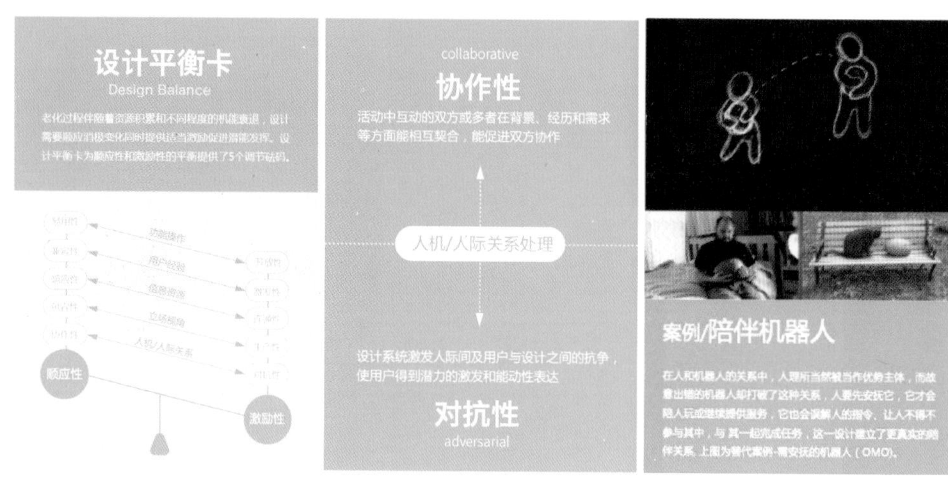

图7.7　设计平衡卡的汇总卡片与条目卡片的正反面展示

为“设计平衡卡”（共6张，包含总卡和5个维度的卡片）。由于这些表达设计特征的词汇较为抽象，因此在每一张卡片背面提供了一个具体的设计案例，供设计师参考（如图7.7所示，加入案例是基于预测试的反馈优化）。以人机、人际关系的处理为例，需要考虑“协作性”和“对抗性”的平衡。在老年人和照护机器人的关系中，人理所应当被当作优势群体，机器响应用户的要求处理老年人生活中的问题。但是已有的研究认识到一味顺应用户要求的机器人会让用户产生依赖，也不利于自身的活跃，因此出现了一些“对抗性”的机器人，有的机器人需要用户安抚，才能继续工作，有的机器人会“误解”人的指令，人需要参与其中，才能完成某项任务，在协作和对抗的过程中，人和机器因此形成更真实的陪伴关系，老年人也被“要求”积极主动的参与（张黎，2019）。

在这个阶段，设计师可以在卡片提供的5个维度的启发下就某一触点的设计特征进行清晰的定义，对设计触点进行依次考虑和深化，这样就形成了更深入的设计解决方案。这一阶段还要求设计师对设计触点的深化思考进行设计传达。至此，设计团队就形成了对设计方案系统化和逐个深入的思考和传达。设计到这一阶段就已经初步完成。

接下来要进行设计原型的制作，为评估阶段做准备，原型根据保真度的不同，可以是低保真的纸面原型，也可以是高保真的功能原型。设计需要评估测试的有可能是某一产品，也可能是某一活动，因此原型的表现形式也不尽相同。鉴于原型形式的开放性，且不是本研究的重点，本研究没有给出设计原型阶段的具体任务指引，设计团队可以根据设计解决方案具体的测试要求来制作原型。

（四）评估优化与“赋能价值卡”

最后一个阶段是对设计方案进行评估和优化。已有的文献给出了从心理体验上评价赋能结果的6个维度，包含胜任感、自主性、意义感、影响力、关联感和恢复力（Avelino，2019），第三章在介绍赋能的文献时对此有所说明。在评估优化阶段，可以邀请用户体验设计结果的原型，并就6个维度对设计结果的赋能品质进行打分。第五章提到的手段—目的链理论认为消费者通常将产品或服务的属性视为手段，通过属性产生的利益来实现其消费的最终目的。而目的指的是手段所带来的具体价值（Value），是消费者消费产品和服务的目的，比如快乐、安全、实现等（Rokeach，1973）。价值正好对应本研究赋能的心理体验，因此，笔者将这几个维度称之为赋能价值。这一阶段导入“赋能价值卡”（图7.8）和结果评估的雷达图为设计的评估提供支持。“赋能价值卡”提供了有关评估维度的知识，帮助设计师理解每一维度的具体含义，而雷达图提供了设计评估的工具，雷达图的6个维度上评分较低的维度还可以显示出设计方案在哪方面不足。

这一阶段，设计师在利用“赋能价值卡”理解用户评估的维度后，邀请老年人用户体验设计原型，并依次就赋能价值的6个维度

图7.8 “赋能价值卡”的汇总卡片与条目卡片展示

进行评分，计算平均分，并在雷达图上呈现。针对设计评分较低的维度，设计师可以进一步对设计方案进行优化，并完成优化方案的设计传达。

7.3 方法评估与工具验证

为了评估设计流程和工具的有效性以及工具使用过程的操作性，本研究组织了设计工作坊，通过分析工作坊产出的设计方案、收集参与者的反馈、邀请老年人用户对结果进行评价来对研究进行综合评估，并与预研究中设计师对老年人的消极刻板印象和主流的老龄化设计解决思路作对照。在询问反馈时，研究者要求设计师主动对照自己原有的认知和经验，反思使用前后的差异。

（一）预测试和工作坊

研究采用线上平台（会议桌和腾讯会议相结合）方式进行了一个小组的预测试，6个人一个小组，时长为4个小时。笔者提前把设计流程的指引模板和卡片上传到会议桌平台。在工作坊开始前，笔者向工作坊参与者介绍了整个流程，并且在流程的不同阶段引导参与者阅读和学习卡片，并根据流程的指引和卡片的启发推进设计（线上工作坊的界面如图7.9所示）。参与者完成设计后，笔者收集了参与者的反馈，了解参与者使用前后对老年人及老龄化设计认识上的变化，以及遵循流程和使用工具的体验。根据参与者提出的问题对流程和工具进行了优化，为正式的工作坊做准备。操作上的问题主要体现为线上平台操作不熟练，较耽误时间；工作坊的时间过短，卡片来不及仔细学习，概念方案也来不及深化；6个人一个小组人数太多，不便于讨论和决策；工具在某些措辞上太过学术化，设计平衡卡上的特征较抽象，不易理解等。

图7.9　使用会议桌进行工作坊的操作界面

针对预测试发现的问题，正式工作坊在线下进行，将每个小组成员由预测试的6个人调整为4个人，将总时长从4个小时（半天）调整为7.5个小时（1天），在卡片的内容上对某些措辞进行了修改，并就设计平衡卡添加了案例进行说明，最终形成了本章7.1节所示的内容。

共有12个人（3个小组）参加了工作坊，参与者有两位是来自高校的设计老师，4位是来自企业的设计师，剩下的6位是来自同济大学、江南大学和米兰理工大学从事相关领域学习和研究的设计专业的学生。参与者根据差异化的背景分成3个小组，为了测试工具对不同设计课题的适应性，工作坊针对3个小组设定了3个设计课题（表7.1），每个小组针对一个课题展开。

表7.1 工作坊设置的设计课题

设计课题	课题介绍
A—设计赋能“老漂族”的新生活	“老漂族”指的是为了支持儿女事业、照顾第三代或者儿女不放心老人独居等原因而离乡背井，来到子女工作所在城市生活的老年人。“老拆族”则是由于拆迁迁入城市的老年群体。城市化的进程造就了一大批“老漂族”/“老拆族”。他们为小家庭和新社区带去了活力。但同时他们也面临着熟人社会关系的瓦解、夫妻分离、语言障碍、外地就医等诸多的不便和问题。本课题探索如何通过设计帮助“老漂族”融入新家庭、新社区、新城市，并发挥他们独特的价值
B—设计赋能老年人的数字化参与	老年人是数字时代的新移民，科技的发展给老年人带来了便利（如微信的使用使得老人和家人之间能随时保持联系），也造成了一部分人的数字疏离（Digital Deviation），如无现金支付、电子健康码等就给很多人设置了障碍。与此同时“这届父母比我们更有网瘾”的评论也引发了人们对数字健康（Digital Wellbeing）的关注。本话题探索如何通过设计促进老年群体在数字化时代活跃但同时合宜、健康的参与
C—设计赋能老年社区参与	社区是居民活跃的场所，退休的老年人由于有更多的时间而成为社区的活跃分子。一些活跃老年人成为社区纠纷调解的“老娘舅”，一些小区自发形成了“老伙伴”的老年人互助社区服务等。这些新涌现的、偶发的现象是积极老龄化在社区层面的体现，充分体现了老年人的社会价值。但同时也存在很多缺乏生机的老旧小区，一些老年人在社区中处于社会隔离的状态，并经受孤独。本话题探索如何通过设计识别、激活、支持、引导、促进积极的老年人社区参与，建立活跃、连通的新社区

3个小组在流程和工具的引导下完成设计，并进行了方案汇报，考虑到时间有限，在工作坊过程中，没有要求设计师制作原型，因此工作坊实际完成了积极共情、问题定义、设计构想、设计深化和

图7.10　工作坊活动过程的照片（来源：笔者拍摄）

评估优化这5个阶段的任务。此外，由于疫情期间的工作不便，没有将老年人邀请到工作坊现场参与方案评估，而是要求设计师模拟老年人进行评估，实际的用户评估是由笔者在工作坊结束后邀请老年人进行评估。图7.10展示了工作坊活动过程的照片。在工作坊的整个过程中，笔者作为观察者观察工作坊的进展、设计师如何使用工具、设计过程是否在工具的帮助下进行了有序推进等。工作坊一共产生了3组设计方案，并依次进行了汇报，方案汇报过程采用小组互评的方式，根据“赋能价值卡”的提示，从老年人的立场对赋能心理体验的6个维度进行打分。

（二）工作坊设计方案产出

线上的预测试和线下工作坊一共产生了4组设计方案。方案的描述如下：

方案1：人生困惑漂流瓶——退休后的老年人，有教育背景、身体无障碍，子女、孙辈、大多数朋友都不在身边，日常有很多空闲时间。借助老年人的空闲时间、人生阅历和积极情感价值，结合当代年轻人遇到的人生困惑，促成老年人和年轻人的线下结对，搭建他们实现自我价值的平台。具体设计分为线上和线下两种途径，线下拟在小区或街道的活动中心墙面设计一个墙挂式的架子，上面放上带有编号的玻璃空瓶子，提供不同颜色的便签代表不同类别的困惑，有困惑的人可以写好便签放在瓶子里，有经验的老年人可以取下瓶子，以语音或便条的形式来解答困惑，建立一种富有仪式感的互动。线上的方式则可以在更大范围内实现“漂流”。

此方案针对C议题（设计：王璐、王静、周雨晨、邓淑琳、梁湛权、郑常心）。

方案2：银发数字公民——退休之后，老年人失去了原本的社会角色，同时也开启了新的角色。数字化时代为老年人实现新的角色提供了更丰富的可能。银发数字公民小站的数字化系统设置了“月老”“技能大咖”“给你一个家”等角色，老年人在系统里认领一个角色后，可以通过完成相应的任务获得新的公民身份。如“月老”的角色就是以促成婚恋为目的，以老年人的人生阅历和婚姻体悟为基础为身边的晚辈“物色”合适的对象，并且为年轻的恐婚族提供心理疏导，这一模块可以与婚恋网站合作，获得婚恋网站的资金支持。而具有闲置空间的空巢老人可以为在外漂泊的年轻人提供一个“家”，一方面获得租金，另一方面实现跨代际的交流和陪伴。老年人在平台上完成角色任务后，可以获得平台的积分，并兑换相应的商品和服务。银发数字公民小站的接入口是依托智能电视的一个内容频道，该频道包含老年人感兴趣的内容，其中包含一些特色栏目，如“黑科技奶奶”。“黑科技奶奶”主要是让奶奶们以诙谐的方式吐槽新科技，一方面让设计师关注到爷爷奶奶们的需求，另一方面也可以促进老年人学习新科技。还有一个栏目是“人生酒馆”，是一个基于老人们的人生阅历为年轻人疏解压力的聊天类节目。

此方案针对B议题（设计：王旸、张倩文、王静、李思愿）。

方案3：早茶—老集——为照顾孙辈从家乡来到广州的“老漂族”面临着熟人关系的瓦解。照料孙辈之余，他们也希望在大城市建立新的社交关系，并融入当地文化。此外，从不同地方聚集到一个城市的老年人带着不同的地域文化特色，如地方特产、饮食文化与方言文化等，这些差异性的文化可激发彼此相识的兴趣。早茶老集正是利用了“老漂族”彼此差异化的文化资源和社交需求，以及广州当地的饮食文化，为他们搭建相识、互动和文化融入的平台。早茶—老集是在传统早茶店的基础上融入地方文化主题，每一周以不同地域为主题开展地方特产展示和宣传、地方文化宣传的活动，以吸引同乡聚会和其他异乡或广州当地对某一文化感兴趣的老年人加入互动。在送孙辈上幼儿园之后，老人们有充分的时间，此时他们可以通过来到早茶—老集，一方面吃早茶融入当地文化，另一方面成为地域文化的“宣传大使”，化“客场”为“主场”，为家乡特产“直播带货”，在新的城市找到新的角色。传统的早茶店也可以因此成为四面八方文化（尤其是饮食文化）汇聚、融合的地方。

此方案针对A议题（设计：姚宣辰、何俊淞、严康、刘智琦）。

方案4：社区百景图——退休老人在失去工作之后面临着职业角色的转变，并开始将自己大部分的生活回归到社区，社区成为老年人活动、信息和资源交换的空间。社区管理者也希望增进社区的互动。社区百景图为老年人和社区其他的人群搭建了一个互惠互利的资源交换机制，并且形成一个可视化的公共艺术装置。社区居民可以在社区活动中心发布自己的需求，如年轻夫妻可能临时需要请人照看孩子，这一任务连同发布者的小礼物在社区登记后会装进类似于扭蛋造型的小装置里，有闲暇时间的退休老人可以认领任务，这些任务被完成后，老年人可以将扭蛋置入一个公共装置中，扭蛋以不同的颜色表示不同方向的资源交换，如老年人帮助其他人以暖色标识，不同类型的任务又可以以不同的暖色来标识。经过较长时间的积累，社区百景图这一公共装置会逐渐成为社区互动的展现，不同方向不同类型的互动会以可视化的方式呈现出来，社区居民共同成为这一可视化作品的创作者。这一形式可以激发居民（包含老年人）的参与热情，被帮助者的反馈、社区制作的纪念册也可以进一步激励参与者的热情。

此方案针对C议题（设计：姜颖、刘霄永、顾丽雯、徐鹏）。

（三）设计方案的评估

工作坊结束后，笔者通过不同方式评估研究的产出及设计转化的流程和工具是否可以达到本研究设定的目标。首先，从研究者的视角对结果进行质性的评估，一是关注研究结果是否能体现出设计师看待老年人的积极观念；二是关注设计是否体现了赋能知识的运用；三是从结果上是否可以促进老年人的积极参与。其次，在工作坊结束后，笔者邀请到6位老年人依照“赋能价值卡”的维度对设计结果的赋能品质进行量化评价，评估过程中笔者向老年参与者介绍不同维度的含义，并依次介绍和展示了4个方案，请参与者对设计方案进行逐一评分。笔者在工作坊结束后还专门设计了问卷，收集设计师参会者对使用工具和工作坊过程的反馈。

由于时间有限，这4个方案没有得到充分的设计传达，但是从参与者陈述的概念和表达的草图来看，这些概念都充分体现了看待老年人的积极视角，在设计干预方式上，也充分体现了多样化的赋能干预方式，在设计的进一步深化中，也体现了设计特征对“激励性”和“顺应性”的平衡。这些方案的结果也是以老年人的积极参与为导向。以“早茶—老集”为例，这一方案关注到“老漂族”所带有的地方特色文化，如特色美食和方言文化，以及空余的时间资源，体现了将老年人看作资源的积极视角，在面临新城市新社区融入的问题时，该方案将“老漂族”自身当作解决问题的能动者，通过自身的资源重建社交网络。以往关注老龄化设计的参考知识大多关注老年人的问题，设计师对老年人也普遍存在固有偏见。本研究在第一章呈现了针对设计师的小样本调研，结果显示设计师对老年人存在明显的消极刻板印象，如行动和反应缓慢、身体不健康等。流程和工具的引导帮助设计师提供了积极共情的材料和方法，有助于改善设计师对老年人的消极偏见。

设计结果在干预方式上也呈现出多样性。一方面体现了关系赋能的干预——以地域为主题吸引同乡的互动，同时通过差异性的文化背景吸引“异乡人”的兴趣。方案体现了角色赋能，将孤独漂泊的老年人转化为家乡文化的“宣传大使”。另一方面还考虑了为其提供展示家乡文化的舞台，将这一方案落地到早茶店体现了人工物的设施赋能，为老年人的互动提供了物理场所。此外在信息赋能上，方案为老年人提供了通达的信息通道，老年人可以从活动展示公告栏中了解活动信息，加入活动，也可以主动发起活动，获得话语的主场。方案的深化主要体现在活动的设置上，参与者一方面考虑兼容老年人已有的经验，以地方特产和美食作为活动切入点；另一方面又在一定程度上挑战老年人的经验，让其参与直播“带货”，体现了用户经验维度上的“兼容性”和“激发性”。主流的老龄化设计大多将问题和解决二元对立起来，将老年人当作问题（机能衰退），将设计作为问题解决（机能补偿），老年人在设计中常常处于被动的一方。通过流程和工具引导，设计师可以突破机能补偿的窠臼，运用多样化的干预方式，尤其关注设计如何激励老年人自身的积极参与。从笔者作为研究者的视角来看，设计方案和工具有效提升了设计师进行老龄化设计时的赋能心态，提升设计师的赋能素养，体现了积极老龄化所倡导的积极视角和积极参与度，使得“设计赋能积极老龄化”的流程和工具达到了预先设定的目标。

预测试和工作坊的四组方案分别在工作坊过程中和结束后经历的设计师和老年人参与者的评估。评估的维度依照赋能的6个维度的心理体验进行评价，分别是意义感、胜任感、自主性、影响力、关联感、恢复力。其中恢复力主要应用在病患赋能领域，本研究产生的研究方案没有涉及，因此实际评估是对其他5个维度进行评估，采用1到5分的5点式量表进行打分。此外，在预测试中，由于只有一个小组参与，设计师的评估采用小组自评的方式，正式的工作坊有3个小组参加，采用设计师小组互评的方式评估。而参与评估的老年人根据方便抽样，参与者平均年龄为65岁，最小的为59岁，最大的为72岁。工作状态分布上，有两名是退休后在社区承担服务工作的社区工作者，两名为从家乡到城市帮助儿女照料孙辈的老人，1名是退休五年的老年志愿者，1名是新退休赋闲在家的老年人，退休前从事企业管理工作。评估结果如表7.2所示：

表7.2　设计结果的评估打分

评估维度	设计师模拟老年人评估				老年人评估（平均分）				单维度平均分
	方案1	方案2	方案3	方案4	方案1	方案2	方案3	方案4	
意义感	5.0	4.0	4.0	5.0	4.5	4.0	4.3	4.5	4.4
胜任感	4.0	3.0	3.0	4.0	4.0	3.0	3.2	4.0	3.5
自主性	4.0	4.0	5.0	4.0	4.0	4.2	4.0	4.3	4.2
影响力	4.0	3.0	4.0	5.0	4.0	4.0	4.3	4.0	4.0
关联感	4.0	4.0	4.0	5.0	3.7	3.7	4.7	4.7	4.2
整体平均分	4.2	3.6	4.0	4.6	4.0	3.8	4.1	4.3	4.1

从评估的结果看，4个方案在5个维度上以1～5分进行评分，平均分为4.1分，得分较高，体现了较高的赋能品质。在5个维度的得分中，单项平均分最高的是意义感，得分为4.4，表明设计方案关注到老年人的自我价值实现。得分较低的维度是胜任感，为3.5

分，提示出过于关注老年人的资源和价值容易忽略老年人参与某些活动的困难。但设计方案对如何提升老年人的胜任感也有所考虑，如“人生困惑漂流瓶”就采用录音的低难度输入方式降低老年人为年轻人答疑解惑的门槛，“银发数字公民”考虑到部分老年人可能不熟悉智能手机的操作，在平台选择上采用的是智能电视。总的来说，通过为设计师提供“设计赋能积极老龄化”的流程和工具支持，设计结果能达到较高的赋能品质。

（四）设计师对流程和工具的主观反馈

为了获得参与者对流程和工具使用的反馈，在工作坊结束后，笔者设计了问卷对设计师参与工作坊的体验和反馈进行收集，12个人参加了工作坊，定向发放后共回收了11份问卷。问卷包含量表题和开放性文字题。量表题主要收集老年人对工作坊的整体流程和工具卡的输入是否能够有效提升设计师的赋能心态（表现为对老年人理解态度的转变）和赋能素养（表现为对设计促进参与、设计赋能等知识的积累），以及是否可以有效推进设计课题的开展。在填写问卷时，要求设计师以自己以往的经验和认知作为对比来反思流程和工具的效果。量表题共10道题，题面和得分如表7.3所示。

表7.3 “设计赋能积极老龄化”工作坊的问卷调查量表题题目和结果

问卷调查题	平均分 （非常不认可）1～5（非常认可）
1. 工作坊让我对老年人有更积极的理解	4.8
2. 工作坊丰富了我对“设计如何促进老年人的积极参与”这一设计议题的认识	4.5
3. 工作坊让我对设计赋能老年人的方式有更系统的理解	4.6
4. 工作坊丰富了我“设计赋能”的知识	4.7
5. 用户资源卡对我积极理解老年人有帮助	4.6
6. 设计赋能卡对我展开设计方案有帮助	4.3

续表

问卷调查题	平均分
	（非常不认可）1～5（非常认可）
7. 设计平衡卡对我深化设计方案有帮助	4.4
8. “赋能价值卡”对我评估设计方案的赋能效果有帮助	4.2
9. 我能通过阅读理解工具卡上的内容	3.8
10. 我认可工具卡上的内容	4.4

从得分来看，10道题的平均得分是4.43分，仅有一道题的得分在4分以下，为3.8分，说明这一流程和工具能有效丰富设计师对设计赋能的理解、增强设计师的赋能心态，也能有效推进设计课题的开展。得分较不理想的题项为“我能通过阅读理解工具卡上的内容”，体现出从研究的结果向大众使用的工具转化中存在让人难以理解的不足。这一结果也可以体现在开放性文字题的反馈内容里，具体反馈将在下文进行详细说明。在线上工作坊的预测试过程中，有参与者也反馈了这一问题，因此在线下工作坊，笔者就参与者提出的理解上的问题进行了解释，以保证设计师是在充分理解工具的基础上进行设计的。

开放性的问题设置了5道，由于工具着重设计了积极共情、设计构想和设计发展这3个阶段的工具卡及流程引导，因此前3道题分别对这3个阶段的流程引导及对应的工具卡进行提问，了解设计师在哪些方面获得了支持和帮助，并反馈不足，后两道题邀请设计师分别反馈其他的有效帮助和值得肯定的地方，以及不足及建议。对积极共情阶段和用户资源卡的输入的积极反馈包含：能够引导积极的情绪，帮助设计师回忆过去生活经历中老年人积极发挥能力的事件；用户资源卡分类详细、解释明确，提供的条目有助于更全面和多维度地认识老年人；钻石造型比较形象易于记忆。一位设计师表示——“以往个人对共情本身保持怀疑态度，简单说，共情很容易让我个人情感过于泛滥，进而变成同情与怜悯，这样就导致举棋不定，设计行动的停滞。积极共情则不同，它帮助引导进入下一步行动，非常有效指导这个阶段的设计活动。”由此可见，利用用户资源卡引导积极共情可以引导对老年人的积极认知，有助于设计活动的开展。消极的反馈和建议则包含两个方面：一方面是设计师如果缺乏对老年人的理解，积极共情的阶段是否可以增加一些图片和视频物料帮助共情；另一方面是卡片提供的资源类别很全面，有可能带来的问题是设计师会懒于思考。后者被一部分人认为是问题，同时也被一部分人认为是优势。

对设计构想阶段和赋能方式卡的反馈如下：正向反馈包含可以“帮助设计师寻找赋能方式和构思方案”，提供多维度的启发，拓展想法，提供的图片有助于理解。不足的方面是如何将4个不同的维度落到一个系统完整的解决方案上，流程没有提供指引，还有参与者提到流程指引模板的视觉传达问题。

对设计深化阶段和设计平衡卡的反馈包含以下几个方面：“顺应性”和“激励性”有助于从不同方向理解设计赋能，能快速在短时间内让设计师有更全面的视角，一位来自设计咨询公司的设计师表示，以前对将老年人视作资源的积极视角就有所理解，但是“老龄化设计一方面需要顺应老年人的习惯和需求；另一方面还要设置挑战”，这对她来说提供了一个全新的视角，尤其是工具卡提供的“协作性”和“对抗性”的案例对她很有启发，她认为这种形式很有创新性。此外有设计师参与者表示平衡卡可以用作方案的评估；有设计师认为做到设计平衡有一定的难度，主观性较强，建议提供一个尺度标准；还设计师表示某些词汇难以清晰理解。因此这一部分既体现出了研究的创新点，又反映了应用过程中的难点。

后两道题不聚焦特定流程和工具，收集的是设计师参与者对整个过程的整体反馈。参与者认为整个过程能够有效将积极老龄化的理念在设计中落地，帮助打开老龄化设计课题的思路；可以引导在较短时间内产出设计方案；可以让人清晰地理解什么是老年赋能，并产出“有意义”的方案；评估的维度也可以有助于把握方向。还有一些反馈肯定了流程的引导和工具的输入营造了很好的氛围，工具丰富，可以调动各个阶段设计师的积极性，肯定了流程的系统性、视觉设计和细节。此外还有设计师认为可以将这套流程和工具进行改编应用在其他人群。还有的设计师对自己小组产生的设计方案十分有信心，希望后期跟进进行实际转化或参赛。不足和建议包含卡片语句的表述可以更通俗，提供更丰富的案例，提供使用说明书，使得设计师可以在没有引导的情况下独立开展设计。此外还包含一些工作坊组织的不足（如时间不足、话题选择不够丰富）和建议，以及工具卡视觉上的呈现细节。这些反馈和建议肯定了工具的有效性，也提示出后续研究的方向。

7.4 小结

本章的主要任务是在设计赋能框架和深入理解的基础上设计出支持设计实践的方法和支持工具，并评估方法的有效性和工具的可操作性。在斯坦福大学设计学院提出的设计思维流程的基础上，本研究形成了“设计赋能积极老龄化”6个阶段的流程，包含积极共情、问题定义、设计构想、设计发展、设计原型、评估优化。在积极共情、设计构想、设计发展、评估优化阶段，分别根据前文的研究所得设计了用户资源卡、赋能方式卡、设计平衡卡和“赋能价值卡”作为支持性工具。为了测试流程和工具的可行性，研究组织了以设计流程和工具引导积极老龄化设计的工作坊。对工作坊产生的设计结果的分析和评估及设计师参与工作坊的体验量化评估和文字性主观反馈显示，由研究结果转化的设计流程和工具能够有效为设计师输入赋能的积极思维，帮助设计师建立积极的观念；工具卡提供了系统化的设计赋能知识，为设计师提供了有效的参考和启发，使得积极老龄化的观念得以有效转化到设计上。

参考文献

[1] 科斯基宁，等. 移情设计——产品设计中的用户体验[M]. 孙远波，姜静，耿晓杰，译. 北京：中国建筑工业出版社，2011.

[2] 李博文. 积极共情与亲社会行为——可能的连接机制[J]. 心理学进展，2020，10（3）：260–268.

[3] 李洪琴. 积极共情、观点采择对大学生的老年刻板印象的影响[D]. 天津：天津师范大学，2018.

[4] 袁姝. 共创设计中设计师——用户共情关系研究[D]. 上海：同济大学，2017.

[5] 岳童，黄希庭. 认知神经研究中的积极共情[J]. 心理科学进展，2016，24（3）：402–409.

[6] 张黎. 从计算到赋权：对抗性设计如何从知识构建行动[J]. 南京艺术学院学报（美术与设计），2019，（1）：82–88.

[7] Avelino F, Dumitru A, Cipolla C, Kunze I, Wittmayer J. Translocal Empowerment in Transformative Social Innovation Networks[J]. *European Planning Studies*, 2020, 28(5): 955–977.

[8] D. School. *An Introduction to Design Thinking: Process Guide*[R]. California: Hasso Plattner Institute of Design 2004.

[9] Fawcett S B, White G W, Balcazar F E, et al.. A Contextual–behavioral Model of Empowerment: Case Studies Involving People with Physical Disabilities[J]. *American Journal of Community Psychology*, 1994, 22(4): 471–496.

[10] Kouprie M, Visser F S. A Framework for Empathy in Design: Stepping into and out of the User's Life[J]. *Journal of Engineering Design*, 2009, 20(5): 437–448.

[11] Rokeach M. *The Nature of Human Values*[M]. New York: The Free Press, 1973.

附录1：第5章、第6章正文标注的数据原始编码

1B—4　我学到了很多以前在我工作中、生活中学不到的东西，每次上课都能学习到很多东西，有很多我在课堂上提到的东西是在跟他们讲解的过程中突然迸发出来的。我跟你说这种状态很好的，每讲一次课我就会进一步，正因为有了他们，我会努力的去学习这些东西，然后教给他们。

1B—9　“六合院”是很受用的，“六合院”的受用在什么地方呢？反应快，小而灵。它反应快，因为住得比较近，比如有什么事情或者什么样的情况发生它马上就能反应了，对吧？

1C—4　同时呢，又增加了一个不是同龄的限定条件，比如说咱们俩同龄，那这样是不能互相帮助的，而是稍微年轻一点点的老年人服务稍微年长的老年人这样一个阶梯式的循环。然后呢，通过“六合院”这种组织（它有点像群组，但群组会更大，更小一点的群组更好管理），形成一个稍微年轻点的服务稍微年老点的老年人。这样循环之后呢，又引入了时间银行的概念，这个放进来以后，就是说稍微年轻一点的老年人与稍微年长的老年人对接以后呢，前者帮后者，后面我们会记录它在时间上面的价值——时间银行。之后呢，稍微年轻的老年人有什么需求，后面我们又会更新一些年轻的人或者是稍微年轻一点的人一起再去帮助他，就像一环扣一环形成了一个体系。

1C—6　有时间银行的激励，也有我们这边的积分等级的积分，积分等级会涉及到一些像政府，或者一些其他的企业提供的福利。因为现在企业都在讲社会责任，比如京东它会承担一些社会责任，它会提供一些即将过期的，或者说还有3个月几个月过期的食品，又或者说他们会提供一些基金，我们会把它作为一个奖励发

放到这些院子中去。这只是初步的一个实际的实物奖励，除了京东，还有其他的一些企业，比如说我们还有美团等，这些合作都会有的。

1C—7　讲的是他们老年人自己的一些故事，都是老艺术家的人生经历和故事。然后呢，就是他们有哪些对现在社会或者是家庭关系的一些看法。

1C—8　一个是刚才说的记录，今年我们就准备把它转换成讲述功能。为什么是今年呢？第一个原因是，今年是国家改革开放四十年，老年人他们都是经历过这四十年的，所以他们有发言权，他们要把它讲述出来。

2A—15　所有老年人都将在促进社会和情感福祉以及身体健康的培育性社区中安享晚年。

2A—17　Gxebeka将所有这些信息输入手机，手机上有一个专门的应用程序可以进行计算。应用程序上出现一条信息：根据信息，Fisher不需要看医生或社会工作者。

2C—2　南非的老年人以前没有智能手机。我们培训他们技术技能，这为他们打开了视频电话、即时语音沟通和上网的大门。我们打开了一个潘多拉盒子——突然间，他们可以独自坐在房间里，上网寻找一些以前从未探索过的东西。正是通过技术技巧，你打开了赋能的新世界。他们可以更多地了解周围的世界。技术丰富了人们的生活，也丰富了他们获取信息的渠道。这就是应用的用武之地。

2C—3　将老年人作为专业人员，给予他们专业人员的工作。我是医生，大家对我充满了爱戴和尊重。当有人通过这种方式成为专业人员，这些都会伴随着他们的头衔而来。啊，你是AgeWell，太棒了！突然你创造出一个20分钟之前还没有的身份。

2C—10　如果你喜欢下棋，我也喜欢下棋，或者你喜欢这个足球队，我也喜欢同样的足球队（这样就可以组合在一起）。所以，我们是在试图找到人们的共同点。我们从性别开始，人们应该是同样的性别，然后我们根据背景配对，他（她）们说相同的语言，这就是兴趣。

6C—2 经验队的作用是为了提高受薪员工的效率，而不是取代教师或图书管理员。否则，该计划的实施将给教师的工资带来下行压力，并引发学校专业人士的反对。在一个自愿主义可以证明削减学校资金是合理的政策环境下，经验队已经精心设计，以确保志愿者只扮演辅助角色。现场协调员仔细监测学校的情况，以避免志愿者承担可能取代教师或图书管理员的职责。我们的计划得到了老师们的高度赞扬，他们报告说，在有志愿者在场的课堂上，他们能够花更多的时间在学习任务上。

6C—4 志愿者还接受培训，并以7～10人一个团队进行部署，每个学校有多个团队。作为一个团队，志愿者之间相互提供支持和增援，帮助补偿志愿者在学校中的模糊角色。我们在培训中使用团队建设练习来激发团队凝聚力。

6C—5 它还通过认可老年人的贡献发挥了象征性作用。

6C—6 角色的多样性。为了确保广泛的全国适用性，经验队旨在为不同背景、技能水平和性别的成年人提供机会。它既不是专业课程，也不是对技能有要求的课程。所有认知能力强的老年人都被认为是有生活经验和技能的。为了适应不同志愿者群体，角色必须多样化，以符合志愿者的兴趣和技能。通过提供一系列的角色，项目坚持率提高了，参与带来的健康和个人利益也提高了。

附录2：与本书相关的学术发表

（一）中文发表

[1] 董玉妹，刘胧，董华．积极老龄化视角下的设计赋能方式探究：基于“手段—目的链”的案例研究[J]．装饰，2021，（2）：92–97.

[2] 董玉妹，甘为，董华．面向老龄化社会的产品服务系统设计赋能[J]．包装工程，2021，（8）：109–114+147.

[3] 董玉妹，董华．面向老龄化社会的包容性设计赋能：能力和权力向度[J]．创意与设计，2021，（2）：96–104.

[4] 袁姝，姜颖，董玉妹，董华．通用设计及其研究的演进[J]．装饰，2020，（11）：12–17.

[5] 董玉妹，董华．老龄赋能、参与及社区包容性设计[J]．设计，2020，33（15）：62–64.

[6] 董玉妹，董华．设计赋能：语境与框架[J]．南京艺术学院学报（美术与设计），2019，181（1）：174–179.

[7] 董玉妹，袁姝，董华．基于体验老龄工作坊的共情设计研究[J]．包装工程，2018，（2）：17–21.

（二）英文发表

[8] Dong Y, Dong H. Design Empowering Active Aging: A Resource-Based Design Toolkit[J]. *International Journal of Human–Computer Interaction,* 2022.

[9] Wang T, Xiao D, Dong Y, Goossens R H M. Development of A Design Strategy for Playful Products of Older Adults[J]. *The Design Journal,* 2021, 24(1): 1–16.

[10] Dong Y, Dong H. *Design Empowerment for Older Adults*[C]. Nevada: International Conference on Human Aspects of IT for the Aged Population. 2018: 465–477.

[11] Dong Y, Weng H, Dong H, Liu L. *Design as mediation for social connection against loneliness of older people[C]. International Conference on Human-Computer Interaction,* 2020: 41–52.

后记

本书的内容是笔者在博士论文研究的基础上整理出来的，博士论文研究的开展得到了国内外3位导师的支持。首先要感谢董华教授，她在笔者长达四年半的博士研究中，在每一个阶段都给予笔者悉心的指导。在同济大学的衷和楼和设计创意学院、在荷兰的火车上、在伦敦的Agewell办公室、在拉夫堡大学的设计学院，虽然工作辗转几地，但董老师对笔者课题的支持和指导从未因工作的变化而间断。董老师所倡导的包容性设计理念也成为影响笔者学术研究的重要理论支撑，她严谨治学的精神也为笔者日后的研究树立了榜样。此外，笔者的国内联合导师刘胧教授在笔者研究的过程中，以批判性思维为笔者的研究提供了多重视角，给了笔者很多启发。在代尔夫特理工大学访问学习期间，笔者的海外导师理查德·古森斯（Richard Goossens）教授也对笔者关爱有加。本书第四章的研究就是在荷兰展开的，古森斯教授帮助笔者联系研究合作机构，给予笔者论文写作上的指导。在此感谢！

此外，笔者要感谢江南大学巩淼森副教授。巩老师是笔者的硕士导师和学术研究启蒙老师，他从米兰理工大学带回来的社会创新思想培养了笔者“问题资源化”的基本观念。笔者对赋能理论的关注也深受巩老师影响。从硕士毕业至今，巩老师一直是笔者的良师益友，他对笔者学术研究的肯定给笔者埋下了从事学术研究的种子，他开放、分享的心态也深深影响了笔者。

在研究开展初期，笔者先后访谈了米兰理工大学的Ezio Manzini教授、帕森斯设计学院的Eduardo Ataszowski教授、湖南大学的胡军副教授、四川美术学院的蒋金辰副教授、上海交通大学的宋东谨老师、可益会社会组织创始人张雳老师、孙继宏先生。案例研究得到了代尔夫特理工大学Elisa Giaccardi教授、老年健康朋辈互助平台Agewell Globle创始人Mitch Besser博士、Abtswoude Bloeit的Garrit先生、科技助老服务平台——“老小孩”的茅文婕女士和汪明华先生的支持。在荷兰的用户研究还得到了居家健康服务组织Vierstroom的Katja和Natalie女士的帮助，她们为笔者提供了研究的资源和来自业界的经验指导。还要感谢所有参加笔者研究的老年用户，尤其感谢范仁佐先生和黄新先生，他们或平凡，或精彩的人生故事不仅是笔者研究的素材，也给予笔者人生的启迪，让笔者更加珍惜生命、热爱生活，同时，也坚定了笔者继续开展老龄化设计研究的信念。

研究的开展和写作得到了袁姝、姜颖、黎昉、宁维宁、时迪、赵阳、王璐、侯冠华、潘婧、李璟璐、王婷婷、甘为、薛海安、李雪亮、李萌、于策昊、翁浩鑫、白洎名、陈越、贺紫萌等的帮助，在此一并感谢。

本书得以出版，得到了江南大学产品创意与文化研究中心和教育部人文社科项目（21YJC760013）的资助。感谢南京艺术学院校长张凌浩教授（时任江南大学产品创意与文化研究中心主任）和江南大学产品创意与文化研究中心副主任、设计学院鲍懿喜教授的支持。

最后，笔者想将此书献给笔者的家人。父母逐渐年迈，奶奶多年前离世。当笔者在进行老龄化研究时，她们常常成为笔者假想的研究和设计服务对象，她们的存在让笔者充满动力，也让笔者的研究充满了爱。

董玉姝

2022年5月